"做学教一体化"课程改革系

U0174478

自动扶梯运行与维保

第 2 版

主　编　李乃夫　　陈继权

副主编　曾文钰　　陈昌安

参　编　岑伟富　　陈东红　　冯晓军　　杨鹏远

主　审　曾伟胜

机械工业出版社

本书为《自动扶梯运行与维保》的第 2 版。通过修订，本书在增加了自动扶梯安装内容的同时，充实了维修与保养的内容，围绕亚龙 YL-2170A 型自动扶梯维修与保养实训考核装置展开内容介绍，使读者了解自动扶梯（包括自动人行道）的基本结构与工作原理，掌握自动扶梯的安全操作与运行管理技术，学会正确管理、使用、安装及维修保养自动扶梯。

本书配有实训手册，因此本书可作为职业院校电梯专业自动扶梯课程的教材独立使用，也可与实训手册配套使用。本书可与机械工业出版社出版的《电梯结构与原理 第 2 版》《电梯维修与保养 第 2 版》《电梯安装与调试》《电梯实训 60 例》和《电梯原理、安装与维保习题集 第 2 版》等电梯专业系列教材配套使用，也可作为参加自动扶梯相关技能竞赛的备赛指导书，还可用于自动扶梯相关职业技能培训及供从事自动扶梯技术工作的人员学习参考。

为方便教学，本书配套视频（以二维码形式穿插于书中）、PPT 课件及电子教案、习题参考答案等资源，凡购买本书作为授课教材的教师可登录 www.cmpedu.com 注册后免费下载。

图书在版编目（CIP）数据

自动扶梯运行与维保/李乃夫，陈继权主编. —2 版. —北京：机械工业出版社，2021.3（2025.2 重印）

"做学教一体化"课程改革系列教材

ISBN 978-7-111-67757-4

Ⅰ.①自…　Ⅱ.①李…　②陈…　Ⅲ.①自动扶梯-运行-中等专业学校-教材②自动扶梯-维修-中等专业学校-教材　Ⅳ.①TH236

中国版本图书馆 CIP 数据核字（2021）第 043026 号

机械工业出版社（北京市百万庄大街 22 号　邮政编码 100037）
策划编辑：赵红梅　责任编辑：赵红梅　王宗锋
责任校对：梁　静　责任印制：常天培
固安县铭成印刷有限公司印刷
2025 年 2 月第 2 版第 6 次印刷
184mm×260mm · 15 印张 · 368 千字
标准书号：ISBN 978-7-111-67757-4
定价：45.00 元

电话服务　　　　　　　　　　网络服务

客服电话：010-88361066　　机　工　官　网：www.cmpbook.com

　　　　　010-88379833　　机　工　官　博：weibo.com/cmp1952

　　　　　010-68326294　　金　书　网：www.golden-book.com

封底无防伪标均为盗版　　机工教育服务网：www.cmpedu.com

前　言

　　本书自 2015 年 2 月出版以来，受到全国各地职业院校电梯类专业师生的喜爱，并被广泛使用。近几年来，我国的经济社会发展对职业教育和职业教育人才培养规格提出了新的要求，电梯产品与技术发展及专业教学、备赛要求也在不断发展和变化。为适应当前职业教育教学改革的要求对原书进行修订。

　　本书修订的基本指导思想是：

　　1. 适应当前职业教育教学改革和教材建设的总体要求。

　　2. 适应电梯产品与技术发展的要求。

　　3. 适应近年竞赛模式、竞赛内容和备赛要求。

　　4. 适应"1+X"书证融通的教学模式。

　　具体的修订内容有：

　　1. 采用"主教材+实训手册"的形式。

　　2. 在教材内容的展现形式上，采用任务驱动、以实际工作案例展开教学内容，更能体现一体化教学的实施要求（将原版单独列出的各个实训融入相应的学习任务中）。

　　3. 项目 1 中增加了对扶梯电气控制原理的分析。

　　4. 增加了"项目 3 自动扶梯的安装与调试"。

　　5. 充实了项目 4，增加了故障诊断与排除的实例。

　　6. 将自动扶梯的维护保养（项目 5）改为参考 TSG T5002—2017《电梯维护保养规则》，按扶梯半月、季度、半年和年度维保的项目来介绍自动扶梯维护保养的操作。

　　7. 教学用梯改为 YL-2170A 型自动扶梯。

　　本书中所涉及的名词术语、定义和标准等，均以 GB 16899—2011《自动扶梯和自动人行道的制造与安装安全规范》和 GB/T 7024—2008《电梯、自动扶梯、自动人行道术语》为依据。书中的"电梯"除特别指明外，均包括垂直电梯、自动扶梯和自动人行道。

　　本书的推荐学时为 80 学时，学时安排见下表。

项　　目	学　习　任　务	学时
项目 1　自动扶梯的结构与原理	任务 1.1　认识自动扶梯和自动人行道	4
	任务 1.2　自动扶梯的基本结构	6
	任务 1.3　自动扶梯的电气系统与运行原理	4
项目 2　自动扶梯和自动人行道的使用与管理	任务 2.1　自动扶梯和自动人行道的安全使用	4
	任务 2.2　自动扶梯和自动人行道的日常管理	4

（续）

项　　目	学 习 任 务	学时
项目 3　自动扶梯的安装与调试	任务 3.1　自动扶梯安装的准备工作	4
	任务 3.2　自动扶梯的安装	8
	任务 3.3　自动扶梯的试运行	6
项目 4　自动扶梯的故障维修	任务 4.1　自动扶梯机械系统故障的维修	12
	任务 4.2　自动扶梯电气系统故障的维修	12
项目 5　自动扶梯的维护保养	任务 5.1　自动扶梯的半月维护保养	4
	任务 5.2　自动扶梯的季度维护保养	4
	任务 5.3　自动扶梯的半年维护保养	4
	任务 5.4　自动扶梯的年度维护保养	4
总　　　计		80

　　本书由李乃夫、陈继权任主编，曾文钰、陈昌安任副主编，岑伟富、陈东红、冯晓军、杨鹏远参编。其中项目 1 由曾文钰、李乃夫和陈东红编写，项目 2 由李乃夫编写，项目 3 由冯晓军、陈昌安编写，项目 4、5 由岑伟富、杨鹏远编写，附录由杨鹏远编写、整理。全书由李乃夫、陈继权、曾文钰和陈昌安统稿。本书由曾伟胜主审。亚龙智能装备集团股份有限公司为本书的编写提供了相关资料，在此表示衷心感谢！

　　欢迎读者及同行对本书提出意见或给予指正！

编　者

目　录

项目 1　自动扶梯的结构与原理

任务 1.1　认识自动扶梯和自动人行道

任务目标

应知

了解自动扶梯和自动人行道的特点、分类和主要参数。

应会

能够认识各类自动扶梯和自动人行道。

 基础知识

一、自动扶梯和自动人行道的特点与分类

1. 自动扶梯和自动人行道的定义

按照 GB/T 7024—2008《电梯、自动扶梯、自动人行道术语》，自动扶梯是指带有循环运行梯级，用于向上或向下倾斜输送乘客的固定电力驱动设备。自动人行道是指带有循环运行（板式或带式）走道，用于水平或倾斜角不大于 12°输送乘客的固定电力驱动设备。

自动扶梯和自动人行道如图 1-1 所示。因为自动扶梯和自动人行道是连续运行的，所以在人流较密集的公共场所（如机场、车站和商场等）被大量使用。我国自 1959 年在北京火车站安装了第一部国产自动扶梯以来，现在已能大量生产多种型式和规格的自动扶梯和自动人行道了。

2. 自动扶梯与自动人行道的主要特点

（1）自动扶梯与垂直电梯各自的特点　自动扶梯和垂直电梯都是运送乘客的交通工具，但两者使用的场合不同。与垂直电梯相比，自动扶梯有以下缺陷：

1）所占空间较大，造价较高。

2）运行时有水平位移，所做无用功较多，消耗能量也较多。

3）运行速度（特别是垂直速度）相对缓慢。

但由于自动扶梯和自动人行道是连续运行，不像垂直电梯要乘客等待轿厢的到来，因此总载客量要高很多。所以，在人流量较大且垂直距离不高的地方（如商场和车站等）一般都会使用自动扶梯（或自动扶梯与垂直电梯结合使用）；在人流较少但垂直距离大的场合（如写字楼、住宅楼等），则多数使用垂直电梯。而且自动扶梯外观华丽，乘用舒适、平稳安静，在乘用过程中视线开阔、安全可靠，且易于安装和维修。

a) 自动扶梯

b) 水平型自动行道

c) 倾斜型自动人行道

图 1-1 自动扶梯和自动人行道

（2）自动人行道和自动扶梯相比较的特点

1）自动人行道的倾斜角在 0°~12°之间；自动扶梯的倾斜角比较大，常用的有 30°和 35°。

2）自动扶梯的驱动力主要用于克服重力，只有一小部分用于克服阻力；而自动人行道的驱动力基本上用于克服阻力。在同样长度下，自动扶梯的驱动功率要相对较大。

3）因为水平状态的桁架较简单轻便，所以自动人行道的桁架结构要比自动扶梯简单得多。

4）自动人行道的安全性能要比自动扶梯更好。

3. 自动扶梯和自动人行道的分类

（1）自动扶梯的分类 自动扶梯可以按载荷能力和使用场所、安装位置、机房位置、倾斜角度、护栏种类以及有无扶手照明进行分类。

1）按照载荷能力和使用场所，可分为普通型、公共交通型和重载型自动扶梯。

普通型自动扶梯载客量一般比较小，大量用于商场、超市、酒店及宾馆等商用场所。设定的每周运行时间为 72h（12h/d×6d），以 60%的制动载荷为额定载荷，主要零部件设计工作寿命为 70000h。

公共交通型自动扶梯主要用于火车站、机场、天桥、隧道及综合交通枢纽等人流较集中且使用环境复杂的场所。公共交通型自动扶梯的载荷大于普通型自动扶梯而小于重载型自动扶梯。设定的每周运行时间为 140h（20h/d×7d），以 80%的制动载荷为额定载荷，主要零部件设计工作寿命为 140000h。

重载型自动扶梯主要用于以地铁站为代表的客流量较大的城市轨道交通场所中。设定的每周运行时间为140h（20h/d×7d），以100%的制动载荷为额定载荷，主要零部件设计工作寿命为140000h。

2）按照安装位置，可分为室内型和室外型自动扶梯。

室内型自动扶梯只能在建筑物内部工作，设计时不需要考虑防晒、防水和防风沙等外部环境变化的影响。

室外型自动扶梯根据安装位置的环境的不同，还可以分为全室外型和半室外型自动扶梯。全室外型自动扶梯安装在露天的场所，须根据实际安装使用地点的环境与气候状况配备防水、加热防冻、防尘、防锈等保护设施；半室外型自动扶梯同样安装在室外，但其上部有遮盖结构，可遮挡部分雨、雪和阳光等，其气候保护设施的要求相对全室外型可以低一些。

3）按照机房位置，自动扶梯可分为机房上置式、机房下置式、机房外置式和中间驱动式自动扶梯。

机房是安装自动扶梯驱动装置的地方。机房上置式自动扶梯的机房设置在扶梯桁架上端部水平段内，是自动扶梯最为常见的机房布置方式；机房下置式自动扶梯的机房设置在扶梯桁架下端部水平段内。机房上置式和机房下置式自动扶梯都具有结构简单、紧凑的特点。为了方便检修，通常将电气控制箱做成可移动式的，需要时可将电气控制箱取出，参见图1-19。

对于提升高度大的扶梯，由于驱动装置较大，机房通常安装在桁架外的建筑空间内，称为"机房外置式"，常用于客流量较大、提升高度较大的场所。

中间驱动式自动扶梯的驱动装置安装在自动扶梯桁架倾斜段内。这种结构的自动扶梯以多级齿条代替传统的梯级链条，以推力驱动梯级，减少动力损耗，在大高度传动中有一定的优势，但存在结构较复杂，驱动装置的调试和维护保养不方便及存在传动摩擦等缺点。

4）按照倾斜角度分类，可分为27.3°倾斜角、30°倾斜角和35°倾斜角自动扶梯。

27.3°倾斜角自动扶梯所占用的安装空间较大，但因该倾斜角与楼梯倾斜角接近，能增加乘客乘用时的安全感，适用于老年人搭乘，常用于商场或人口老龄化程度较高的地区。

30°倾斜角自动扶梯所占用的空间适中，乘客乘用时感觉安全舒适，适用于各种提升高度，所以使用最为广泛。

35°倾斜角自动扶梯所占用的空间较小，乘客乘用时感觉陡，容易紧张，安全感差，因此在GB 16899—2011中规定35°倾斜角自动扶梯的提升高度不大于6m且名义速度不大于0.50m/s。

5）按护栏种类分类，可分为玻璃（全透明与半透明）护栏和金属护栏的自动扶梯。

6）按有无扶手照明可分为有扶手照明和无扶手照明的自动扶梯。

（2）自动人行道的分类　自动人行道可以按结构、使用场所、安装位置和倾斜角度进行分类。

1）按照结构，可分为踏板式和胶带式两种，其中以踏板式更为常见。

2）按照使用场所，可分为普通型和公共交通型两种。普通型常用于商业场所，公共交通型常用于机场、车站等人流量较大的公共交通场所。

3）与自动扶梯类似，按照安装位置，可分为室内型和室外型两种。室内型只能在建筑物内工作；室外型又分为半室外型和全室外型两种。全室外型可以露天工作。

4）按照倾斜角度，可分为水平型（倾斜角为0°～6°）和倾斜型（倾斜角为6°<α≤

12°）两种。水平型常用于机场等人流量大的公共交通场所，倾斜型的常用于商业场所。

二、自动扶梯和自动人行道的主要参数

自动扶梯和自动人行道的主要参数有提升高度、倾斜角、名义宽度、速度、最大输送能力和水平移动距离等。

1. 提升高度 h

提升高度是指自动扶梯或自动人行道进出口两楼层板之间的垂直距离（图1-2）。

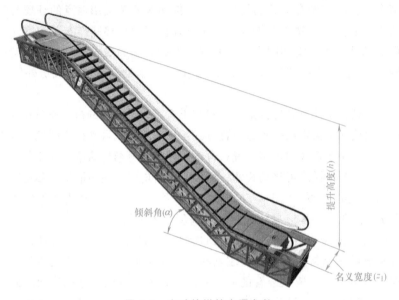

图1-2　自动扶梯的主要参数

2. 倾斜角 α

1）倾斜角是指梯级、踏板或胶带运行方向与水平面构成的最大角度（图1-2）。

2）自动扶梯的倾斜角有 27.3°、30°和 35°三种，一般不应大于30°，当提升高度不大于6m 且名义速度不大于 0.50m/s 时，倾斜角允许增至 35°。

3）自动人行道的倾斜角不应大于 12°。

3. 名义宽度 z_1

1）按照 GB/ 7024—2008《电梯、自动扶梯、自动人行道术语》，名义宽度是指对自动扶梯与自动人行道设定的一个理论上的宽度值，一般指自动扶梯梯级或自动人行道踏板安装后横向测量的踏面长度（图1-2）。

2）GB 16899—2011《自动扶梯和自动人行道的制造与安装安全规范》规定：自动扶梯和自动人行道的名义宽度 z_1 不应小于 0.58m，也不应大于 1.10m。对于倾斜角不大于6°的自动人行道，该宽度允许增大至 1.65m。

3）自动扶梯的梯级一般有 0.60m、0.80m 和 1.00m 三种标准宽度。自动人行道的踏板宽度有 0.80m、1.00m、1.20m、1.40m 和 1.60m 等5种规格。

4. 速度 v

自动扶梯和自动人行道的速度有名义速度和额定速度两种：

1）按照 GB 16899—2011，名义速度是指由制造商设计确定的，自动扶梯或自动人行道的梯级、踏板或胶带在空载（例如：无人）情况下的运行速度。额定速度是自动扶梯和自动人行道在额定载荷时的运行速度。

2）按照 GB/T 7024—2008，额定速度是指自动扶梯或自动人行道设计所规定的速度。

3）名义速度是标称（理论）速度，是自动扶梯或自动人行道在空载时的运行速度，是在制造时设计的速度；而额定速度是在满载时的运行速度，应以现场实测为准。自动扶梯在运载乘客时的运行速度会低于空载时的运行速度。由于 GB 16899—2011 中没有规定自动扶梯的额定载荷如何计算，因此目前额定速度也没有确定的测量方法。目前在介绍到自动扶梯或自动人行道的技术参数要求时，一般使用名义速度，读者应注意区别这两个速度参数。

4）自动扶梯的名义速度有 0.50m/s、0.65m/s 和 0.75m/s 三种，最常用的是 0.50m/s。规定当倾斜角 α 大于 30°但不大于 35°时，其名义速度不应大于 0.50m/s。

5）自动人行道的名义速度有 0.50m/s、0.65m/s、0.75m/s 和 0.90m/s 四种。规定自动人行道的名义速度一般不应大于 0.75m/s。如果踏板或胶带的宽度不大于 1.10m，并且在出入口踏板或胶带进入梳齿板之前的水平距离不小于 1.60m 时，自动人行道的名义速度最大允许达到 0.90m/s。上述要求不适用于具有加速区段以及能直接过渡到不同速度运行的自动人行道。

5. 最大输送能力

按照 GB 16899—2011，最大输送能力是指在运行条件下，可达到的最大人员流量。在用于交通流量的规划时，自动扶梯或自动人行道的最大输送能力见表 1-1。

表 1-1　自动扶梯或自动人行道的最大输送能力

梯级或踏板宽度 z_1/m	名义速度 $v/(\text{m/s})$		
	0.50	0.65	0.75
0.60	3600 人/h	4400 人/h	4900 人/h
0.80	4800 人/h	5900 人/h	6600 人/h
1.00	6000 人/h	7300 人/h	8200 人/h

注：1. 使用购物车和行李车时将导致输送能力下降约 80%。
　　2. 对踏板宽度大于 1.00m 的自动人行道，其输送能力不会增加，因为使用者需要握住扶手带，其额外的宽度原则上是供购物车和行李车使用的。

6. 水平移动距离

水平移动距离又称水平梯级数量，是指梯级从梳齿板出来至梯级开始上升和梯级进入梳齿前的水平移动梯级的数量。

显然，水平梯级的数量越多，越便于人员出、入扶梯，其安全性能就越好；但水平梯级的增加不但会增加扶梯的长度，占用建筑物的更多空间，而且提升了扶梯的成本。在 GB 16899—2011 中对此有明确规定，例如名义速度 v 大于 0.5m/s 但不大于 0.65m/s 的自动扶梯（或提升高度 $h>6\text{m}$ 时），其水平移动距离不应小于 1.2m（相当于有三块水平梯级）。

🔑 **相关链接**

自动人行道的长度

自动人行道的主要参数除以上介绍的速度（额定速度和名义速度）、名义宽度和倾斜角之外，还有长度。通常将自动人行道头部与尾部基准点之间的距离称为自动人行道的长度。GB 16899—2011 中没有对自动人行道长度的限制规定。在机场中常见的自动人行道一般在50~80m 之间，目前国内机场最长的自动人行道为93m（见"阅读材料1.1"）。

TSG T5002—2017《电梯维护保养规则》对维保记录中的电梯的基本技术参数有如下要求：

"第八条 维保记录中的电梯基本技术参数主要包括以下内容：

……

（四）自动扶梯与自动人行道（包括自动扶梯、自动人行道），为倾斜角、名义速度、提升高度、名义宽度、主机功率、使用区段长度（自动人行道）。"

 任务实施

步骤一：实训准备

1）准备实训设备与器材：公共场所中各种实用的自动扶梯和自动人行道。

2）指导教师先到准备组织学生参观的自动扶梯和自动人行道所在场所踩点，了解周边环境、交通路线等，事先做好预案（参观路线、学生分组等）。

3）对学生进行参观前的安全教育（详见"相关链接：参观注意事项"）。

步骤二：参观自动扶梯与自动人行道

组织到公共场所（如商场、写字楼、机场、车站和地铁站等）参观自动扶梯和自动人行道，将观察结果记录于自动扶梯和自动人行道参观记录表（表1-2）中，也可自行设计记录表格。

表 1-2　自动扶梯和自动人行道参观记录表

类型	自动扶梯□　水平型自动人行道□　倾斜型自动人行道□
使用场所	宾馆酒店□　商场□　写字楼□　机场□　车站□　地铁站□　人行天桥□　其他场所□
用途类型	普通型□　公共交通型□　重载型□
安装位置	室内□　室外□　半室外□
机房位置	机房上置式□　机房下置式□　机房外置式□　中间驱动式□
护栏类型	金属护栏□　玻璃护栏□
运行速度	恒速□　可变速□
参观的其他记录	

步骤三：讨论和总结

学生分组讨论：

1）学生分组，每个人口述所参观电梯的类型、用途、基本功能和主要参数等。

2）交换角色，重复进行。

🔑 相关链接

参观注意事项

1）参观时一定要注意安全。在参观前必须要进行安全教育，强调绝对不能乱动、乱碰任何电器和设备的运行部件。

2）在组织参观前要做好联系工作，事先了解现场环境，安排好参观位置，不要影响现场秩序，防止发生事故。

3）参观现场若比较狭窄、拥挤，可分组、分批进行轮流或交叉参观，每组人数根据实际情况确定，以保证安全、不影响现场秩序和设备的使用为前提，以保证教学效果为原则。

 阅读材料

阅读材料 1.1　电梯的起源与发展

一、垂直电梯的技术发展

公元前 236 年，古希腊的宫殿里就出现了人力驱动的卷扬机，这台机器可以认为是现代电梯的鼻祖。但直到 1889 年美国的奥的斯电梯公司首次使用电动机作为电梯的动力，这才有了名副其实的"电"梯。追溯电梯（垂直电梯）一百多年来的发展史，可以从以下三个方面进行回顾：

首先是驱动方式的变化。最早的电梯是鼓轮式的，这种像卷扬机式的驱动方式会使电梯的提升高度受到钢丝绳长度的限制，所以那时的电梯最大提升高度一般不超过 50m。1903 年美国出现了曳引驱动式电梯，这种靠钢丝绳与曳引轮之间的摩擦力使轿厢与对重做一升一降的相反运动的驱动形式使电梯的提升高度和载重量都得到了提高（图 1-3）。由于曳引驱动方式具有安全可靠、提升高度基本不受限制和速度容易控制等优点，因此一直沿用至今，成为电梯最常用的驱动方式。

其次是动力问题。既然是"电"梯，其动力当然来自电动机。最早电梯用的全是直流电动机，靠电枢串联电阻来控制速度。1900 年出现了用交流电动机驱动的电梯，起先是单速交流电动机，之后出现了变极调速的双速和多速交流电动机。随着电力电子技术的发展，在 20 世纪 80 年代出现了交流变压变频调速的电梯。

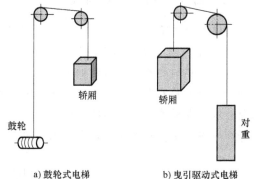

a）鼓轮式电梯　　b）曳引驱动式电梯

图 1-3　电梯的驱动形式

在动力问题得到解决后，电梯的发展转向解决控制问题与调速问题。1915 年设计出了自动平层控制系统；1949 年出现了可集中控制 6 台电梯的电梯群控系统；1955 年开始使用计算机对电梯进行控制；现在的电梯已基本采用微机进行控制。控制技术的发展使电梯的速度不断提高，1933 年美国把当时最高速的电梯安装在纽约的帝国大厦，其运行速度也只有 6m/s，1962 年电梯运行速度达到了 8m/s，到 1993 年电梯运行速度更达到了12.5m/s。

随着科学技术的发展，智能化、信息化建筑的兴起与完善，许多新技术、新工艺逐渐应用到电梯上。目前电梯新技术的应用大概有：

- 互相平衡的双轿厢电梯、同时服务于两个楼层的双层轿厢电梯、一个井道内有两个轿厢的双子电梯、线性电动机驱动的循环式多轿厢电梯等。
- 目的楼层选层系统、自动变速电梯。
- 数字智能化的乘客识别与安全监控技术，如手掌静脉识别和人脸识别的安防系统等。
- 无随行电缆电梯、与钢丝绳同强度的自监测合成纤维曳引绳和超级强度碳纤维曳引绳。
- 双向安全保护技术、快速安装技术和节能环保技术等。

乘坐电梯去太空的设想最初是由俄国科学家康斯坦丁·齐奥尔科夫斯基于1895年提出来的，后来一些科学家相继提出各种设计方案（图1-4）。美国国家航空航天局于2000年描述了建造太空电梯的概念：用极细的碳纤维制成的缆绳延伸到地球赤道上方35000km的太空，为了使这条缆绳能够突破地心引力的影响，其在太空中的另一端必须与一个质量巨大的天体相连。这一天体向外太空旋转的力量与地心引力相抗衡，将使缆绳紧绷，允许电磁轿厢在缆绳中心的隧道中穿行。期待未来有一天能够乘坐电梯登上太空。

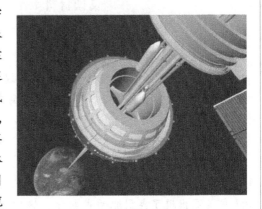

图1-4　太空电梯的设想

二、自动扶梯的起源与发展

据说自动扶梯（Escalator）一词最早出现于19世纪末，当时是一个新的组合词汇：Escalator＝scala（拉丁语"梯级"的意思）+Elevator（英语"电梯"），意为"带梯级的电梯"。

自动扶梯的起源可追溯到1859年，当时美国人内森·艾姆斯（Nathan Ames）发明了一种"旋转式楼梯"（图1-5）：在旋转的皮带上安装了木质的梯级，乘客在三角形的某个端部进入，在到达后就从梯级上跳下来。虽然现在看来这一设计有些幼稚可笑，好像也没有什么实用价值，却被认为是自动扶梯的最早构思。

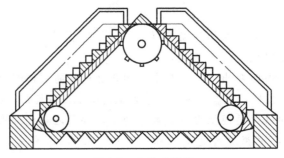

图1-5　旋转式楼梯

到了1892年，美国人乔治·韦勒（G. H. Wheeler）发明了可与梯级同步移动的扶手带，从而使"电动楼梯"的实际使用成为可能。同年，美国人杰斯·雷诺（Jesse Reno）发明了"倾斜输送机"，其关键是传送带的表面被制成凹槽状，而安装在上、下端部的梳齿能与每条凹槽啮合，这个能使乘客安全地出入扶梯的装置，可以说是扶梯发展史上的一个重大发明。

在此基础上，美国奥的斯电梯公司于 1899 年制造出第一台有水平梯级、活动扶手和梳齿板的自动扶梯。

自动扶梯进入中国是在 1935 年，当时位于上海市南京路与西藏路交界路口有十层高度的大新公司（今上海第一百货商店）安装了两部奥的斯公司的轮带式单人自动扶梯，这两部自动扶梯安装在铺面商场至 2 楼、2 楼至 3 楼之间，面对南京路大门，如图 1-6 所示。

1959 年，中国上海电梯厂制造出了我国第一批自动扶梯，用于北京火车站。

近年来，随着我国经济的高速发展，我国已成为全球自动扶梯最大的生产国与消费国。据统计，自动扶梯和自动人行道约占在用电梯总量的 15%。

与垂直电梯一样，近年来随着科学技术的发展，许多新的技术与工艺材料逐渐应用到自动扶梯上，也出现了许多新颖的设计构思，例如：

● 能够自动变速的自动扶梯和自动人行道——有些长距离的自动扶梯和自动人行道由于运行速度较高（可达 2~3m/s），为使乘客能安全地出入，在其出入口有一段由低速过渡到高速的变速段。

● 改变坡度的自动扶梯——有些自动扶梯中间某一段为水平运行，以与建筑物的结构或相邻的固定楼梯相吻合。

● 螺旋型自动扶梯——1985 年研制出曲线运行的螺旋型自动扶梯（图 1-7）。螺旋型自动扶梯使用方便且具有装饰艺术效果。但由于其外周与内周梯级的线速度不一样，需要有专门的驱动机构，所以造价较高。

图 1-6　中国第一部自动扶梯

图 1-7　螺旋型自动扶梯

● 在我国湖南张家界天门山景区的长达 897m 的自动扶梯（图 1-8a）是目前世界上最长的自动扶梯；而在新建成的北京大兴国际机场，有一条长达 93m 的自动人行道（图 1-8b），是目前国内最长的自动人行道。

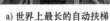
a) 世界上最长的自动扶梯

b) 国内最长的自动人行道

图 1-8　自动扶梯和自动人行道之最

 任务 1.2　自动扶梯的基本结构

任务目标

应知

1. 掌握自动扶梯的基本结构。

2. 了解自动扶梯的运行原理。

应会

能够区分自动扶梯的空间结构与功能。

 基础知识

一、自动扶梯的基本结构

自动扶梯的基本结构由桁架、梯级导轨、梯级、梳齿板与楼层板、驱动系统、扶手带系统、润滑系统、安全保护系统和电气系统等组成,如图 1-9 所示。

1. 桁架

自动扶梯的桁架架设在建筑结构上,供支撑梯级、踏板、胶带以及运行机构等部件的金属结构。桁架一般用角钢和型钢等焊接而成,有整体式和分体式两种,如图 1-10 所示。

金属结构桁架要满足一定的强度和刚度要求。按照 GB 16899—2011,自动扶梯或自动人行道支撑结构设计所依据的载荷是:自动扶梯或自动人行道的自重加上 $5000\mathrm{N/m^2}$ 的载荷。对于普通型自动扶梯和自动人行道,根据 $5000\mathrm{N/m^2}$ 的载荷计算或实测的最大挠度,不应超过支承距离的 1/750;对于公共交通型自动扶梯和自动人行道,根据 $5000\mathrm{N/m^2}$ 的载荷

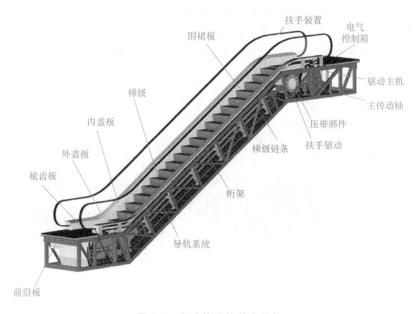

图 1-9　自动扶梯的基本结构

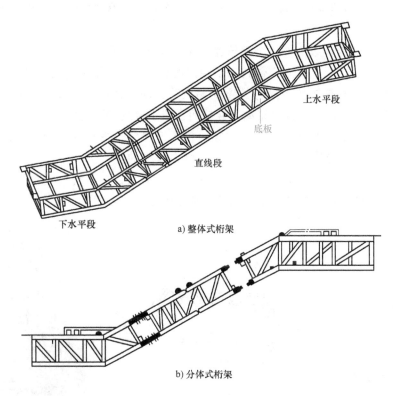

a) 整体式桁架

b) 分体式桁架

图 1-10　自动扶梯的桁架

计算或实测的最大挠度，不应超过支承距离的 1/1000。

　　为了避免金属桁架挠度超出最大限度值，当自动扶梯提升高度超过 6m 时，需在金属桁架与建筑物之间安装中间支承（通常两支承点间的距离不应超过12m），用以加强金属桁架的刚度，如图1-11所示。对于小高度自动扶梯，一般只需增设一个中间支承；对于大高度自动扶梯，则需增设几个中间支承，以保证金属桁架足够的刚度。

桁架中间支承

图1-11　金属结构桁架中间支承

2. 梯级导轨

梯级导轨是供梯级滚轮运行的导轨，主要由工作导轨、返回导轨、卸载导轨和转向导轨等组成，如图1-12所示。

（1）工作导轨　为梯级上的4个滚轮提供支撑和导向作用。

（2）返回导轨　为梯级从上端部转入下端部的梯级做循环运动时提供支承和导向作用。

（3）卸载导轨　在梯级使用滚轮外置式梯级链驱动时使用，安装在桁架上端部，用在梯级转向时抬起梯级，使梯级链滚轮离开导轨面，减小梯级链滚轮的受力。

（4）转向导轨　起到引导梯级从工作导轨转入返回导轨或从返回导轨转入工作导轨的作用。上、下端部转向导轨如图1-13所示，位置在扶梯的上、下水平部位（图1-12a），上端部转向导轨当扶梯上行时引导梯级由前进侧转向返回测，在下行时则由返回侧转向前进侧；下端部转向导轨则在扶梯的下水平部位，其作用正好与之相反。

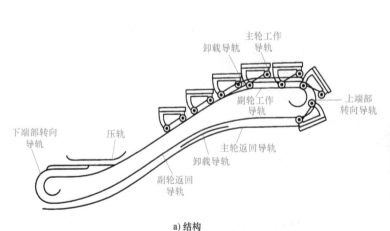

卸载导轨
主轮工作导轨
副轮工作导轨
上端部转向导轨
下端部转向导轨
压轨
主轮返回导轨
卸载导轨
副轮返回导轨

a）结构

b）外形

图1-12　自动扶梯的导轨

a) 上端部转向导轨　　　　　　　　　　　　　　　　b) 下端部转向导轨

图 1-13　自动扶梯的上、下端部转向导轨

3. 梯级

梯级是在自动扶梯桁架上循环运行、供乘客站立的部件，一台自动扶梯由多个梯级组成。梯级是特殊结构形式的四轮小车，有两个主轮和两个辅轮。梯级的主轮轴与梯级链连接在一起，而辅轮不与梯级链铰接。梯级踏面表面为槽深不应小于 10mm、槽宽为 5~7mm、齿顶宽为 2.5~5mm 的等节距齿形，其作用除防滑之外，还使梯级顺利通过上、下入口时能嵌入梳齿槽中。梯级踢板的圆弧面是为两梯级在倾斜段运行中保证间隙一致而设计的。踢板做成有齿槽的，其要求和踏板一样，这样可以使后一个梯级踏板的齿嵌入前一个梯级踢板的齿槽内，踏面齿顶和踢板齿顶的间距不大于 6mm。

从结构上区分，梯级有整体式梯级与装配式梯级两类：

（1）整体式梯级　整体式梯级是一次性压铸而成的，如图 1-14a 所示。其缺点是当梯级某个地方的齿槽发生破损、变形时，只能对其整体更换。

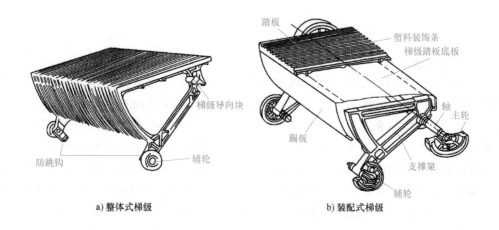

a) 整体式梯级　　　　　　　　　　　　　　　　b) 装配式梯级

图 1-14　自动扶梯的梯级

（2）装配式梯级　装配式梯级是由踏板、踢板和支撑架通过钣金或压铸而成，如图 1-14b 所示。

这两类梯级可以不带有安全标志线，也可以带有安全标志线。黄色安全标志线可用黄漆喷涂在梯级踏板周围（图1-15），也可用黄色工程塑料制成镶块镶嵌在梯级踏板周围（图1-16），以提醒乘客要站在黄线内。塑料装饰条表面的齿、齿槽与踏板表面的齿、齿槽相匹配，并与前一级梯级的踢板齿、齿槽相匹配。

图1-15　带黄色安全标志线的梯级

图1-16　梯级装饰条

4. 梳齿板与楼层板

（1）梳齿板　梳齿板是位于运行的梯级或踏板出入口、为方便乘客上下过渡、与梯级或者踏板相啮合的部件，如图1-17所示。其齿形结构与梯级结构密切相关。梳齿板上的齿槽应与梯级上的齿槽啮合。目前使用最多的梳齿板为铝合金铸件或工程塑料注塑件。

按照GB 16899—2011，梳齿板的梳齿应与梯级、踏板或胶带的齿槽相啮合，在梳齿板踏面位置测量梳齿的宽度不应小于2.5mm。梳齿板的端部应为圆角，圆角的半径不应大于2mm。梳齿板的梳齿应具有在使用者离开自动扶梯时不会绊倒的形状和斜度，设计角 β 不应大于35°。梳齿板的梳齿与踏面齿槽的啮合深度 h_8 不应小于4mm，间隙 h_6 不应大于4mm（见图1-17b）。

（2）楼层板　楼层板是设置在自动扶梯的出入口，与梳齿板连接的金属板，如图1-18所示。楼层板表面铺设了耐磨、防滑材料。

5. 驱动装置

驱动装置是自动扶梯的动力源，它通过主驱动链将驱动电动机的动力传递给驱动主轴，

a) 外形

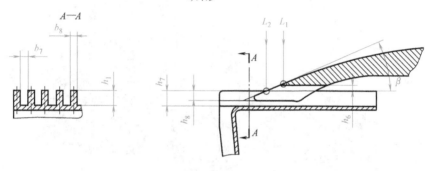

b) 尺寸

图 1-17　自动扶梯的梳齿和梳齿板

图 1-18　自动扶梯的楼层板

由驱动主轴带动梯级链轮以及扶手链轮，从而带动梯级及扶手带运行。由于自动扶梯连续运行的时间较长，因此驱动装置应具有以下特点：

1）所有零、部件都有较高的强度和刚度，以保证设备安全可靠。

2）所有零、部件具有较高的耐磨性，以保证在每天长时间运行条件下能保持一定的工作寿命。

3）结构紧凑，维修方便。

驱动装置由电动机、减速机、制动器、驱动链条及驱动主轴和回转主轴等组成。按照驱动装置所在位置可分为上、下端部驱动装置，中间驱动装置和外置式驱动装置4种，这里主要介绍端部驱动装置。

端部驱动装置以驱动链条传递动力。这种驱动装置安装在自动扶梯的上、下端部。端部驱动装置使用较为普遍，工艺成熟，维修方便，其主要组成部件有驱动主机、制动器、传动部件等，如图1-19所示。

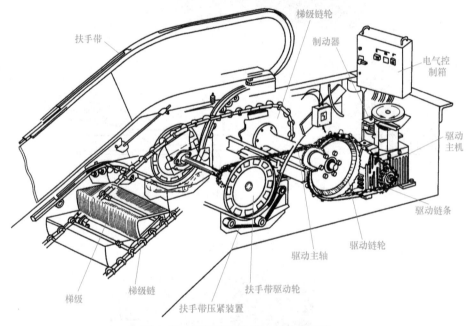

图1-19　端部驱动装置一般结构形式

（1）驱动主机

端部驱动主机有立式和卧式两种，分别如图1-20a、b所示。现一般采用立式主机。

1）立式主机。其结构特点是电动机和减速机都是立式的，结构紧凑、占有空间小、重量轻、便于维修。立式主机噪声低、振动小、平衡性好而且承载能力大。图1-20a所示为采用蜗轮蜗杆传动的立式主机。

2）卧式主机。卧式主机的结构特点是电动机和减速机都是卧式的，其传动相对较平稳，但占有空间较大。图1-20b所示卧式主机的电动机与减速机之间采用的是带传动。

目前市场上有一种新型的直驱扶梯主机（图1-21），可防止驱动链断开的风险，感兴趣的读者可查阅其有关资料。

一般小提升高度的扶梯由一台驱动主机驱动，大、中提升高度的扶梯可由两台驱动主机驱动（可在两侧驱动）。但在GB 16899—2011中明确规定，为确保安全，不允许用一台主机同时驱动一台以上的自动扶梯或自动人行道。

（2）制动器　制动器的作用是使自动扶梯停止运动并保持静止状态。GB 16899—2011明确要求：自动扶梯的制动系统包括工作制动器、附加制动器、超速保护和非操作逆转保护装置。

1）自动扶梯的制动载荷。按照GB 16899—2011，自动扶梯制动载荷的确定见表1-3。

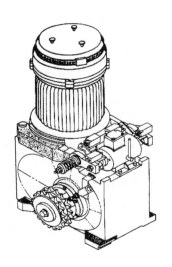 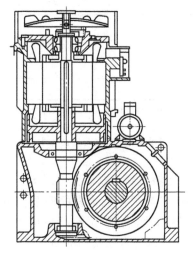 

a) 立式主机

 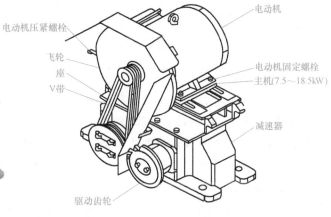

b) 卧式主机

图 1-20　端部驱动主机

图 1-21　直驱扶梯主机

表 1-3　自动扶梯制动载荷的确定

名义宽度 z/m	每个梯级上的制动载荷/kg
$z \leqslant 0.60$	60
$0.60 < z \leqslant 0.80$	90
$0.80 < z \leqslant 1.10$	120

注：1. 自动扶梯受载的梯级数量可由提升高度除以最大可见梯级踏板高度求得；在试验时允许将总制动载荷分布在所求得的 2/3 的梯级上。

2. 表中的制动载荷是按 0.8 的满载系数来计算的（与垂直电梯一样，平均每位乘客重 75kg；梯级宽度为 1.00m 的扶梯平均每个梯级上有 1.6 人）。

2）自动扶梯的制停距离。为保证制动效果，不同运行速度的自动扶梯都必须将制停距离限制在一定的范围之内；同时，为了保证乘客的安全，制动器在制动时应有一个缓冲距离，规定扶梯向下运行时制动器制动过程中沿运行方向上的减速度不应大于 $1m/s^2$。按照 GB 16899—2011，空载和有载向下运行自动扶梯的制停距离见表 1-4。

表 1-4　自动扶梯的制停距离

速度 $v/(m/s)$	制停距离范围/m
0.50	0.20 ~ 1.00*
0.65	0.30 ~ 1.30*
0.75	0.40 ~ 1.50*

注：* 均不包括端点数值。

自动人行道的制动载荷与制停距离可查阅 GB 16899—2011。

3）工作制动器。工作制动器又称为主制动器，其作用是使自动扶梯有一个接近匀减速的制停过程直至停机，并使其保持停止状态。工作制动器一般采用机-电式制动器，可分为带式制动器、盘式制动器和块式制动器三种，分别如图 1-22a~c 所示。

a) 带式制动器　　　　　　　　b) 盘式制动器　　　　　　　　c) 块式制动器

图 1-22　工作制动器

① 带式制动器依靠制动杆及张紧的钢带作用在制动轮上产生摩擦制动力制动。其结构较简单、紧凑，包角大，能对扶梯的上行和下行产生不同的制动力矩；但在制动时会产生偏拉力。

② 盘式制动器通常安装在减速机上的输入轴端，摩擦副的一方与转动轴相连。当驱动器起动时摩擦副的两方脱开，使其运转；当制动时，摩擦副的两方接触并压紧，在摩擦面之间产生摩擦力矩进行制动。

③ 块式制动器又称为闸瓦制动器。使用块式制动器的扶梯的驱动主机与减速机之间通过联轴器传动，在制动时制动闸瓦在制动弹簧的作用下抱紧联轴器的外壳，从而产生制动摩擦力。块式制动器制动较平稳，且安装调整方便，在自动扶梯中使用最为广泛。YL-2170A型教学用扶梯上使用的就是块式制动器。

4）附加制动器。根据 GB 16899—2011，在以下任何一种情况下，自动扶梯和倾斜式自动人行道应设置一个或多个附加制动器：

① 工作制动器和梯级、踏板或胶带驱动装置之间不是用轴、齿轮、多排链条或多根单排链条连接的。

② 工作制动器不是符合标准规定的机-电式制动器。

③ 提升高度超过 6m。

如图 1-23 所示，附加制动器是基于摩擦原理的机械式制动装置，是能使自动扶梯有效地减速停止并使其保持静止状态的制动装置。附加制动器与梯级、踏板或胶带驱动装置之间应用轴、齿轮、多排链条或多根单排链条连接，不允许采用摩擦传动元件（如离合器）连接。

附加制动器应在两种情况下动作：一是在自动扶梯的速度超过名义速度 1.4 倍之前；二是在梯级、踏板或胶带改变其规定运行方向的时候。如果电源发生故障或

图 1-23　附加制动器

安全回路失电，则允许附加制动器和工作制动器同时动作。

注意：附加制动器动作时，不必保证对工作制动器所要求的制停距离。

5）超速保护和非操作逆转保护装置。具体内容见"二、自动扶梯的安全保护系统"。

（3）牵引链条与牵引齿条　自动扶梯的主机与主驱动之间最常见的是采用链传动，如图 1-24 所示。

图 1-24　链条（梯级链）

此外还有采用齿条传动的，如图1-25所示。

图1-25 齿条传动

6. 扶手带系统

扶手带系统的主要作用是提供一套与梯级运行同步的扶手带，供乘客站立时扶握并对乘客起安全保护作用。扶手带系统安装在自动扶梯两侧，其基本结构包括扶手带驱动装置、扶手带、扶手带导轨和扶手带张紧装置等部件，如图1-26所示。

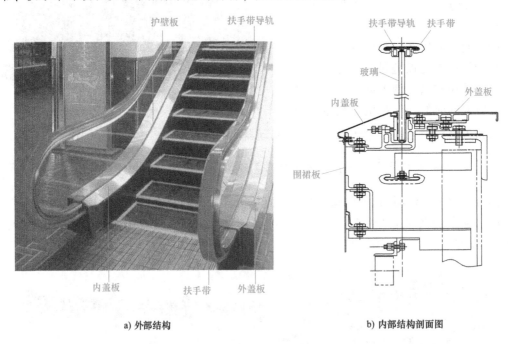

a) 外部结构   b) 内部结构剖面图

图1-26 扶手带系统

（1）扶手带驱动装置 扶手带驱动装置的作用为驱动扶手带，并保证扶手带运行速度与梯级速度偏差不大于2%。扶手带驱动装置有直线压轮式驱动、摩擦轮式驱动和端部轮式驱动三种形式，直线压轮式驱动和摩擦轮式驱动装置如图1-27a、b所示。

1）直线压轮式驱动。直线压轮式驱动系统是将若干个直径较小的压轮排列成直线状态，由扶手带与压轮之间产生的摩擦力来驱动扶手带。

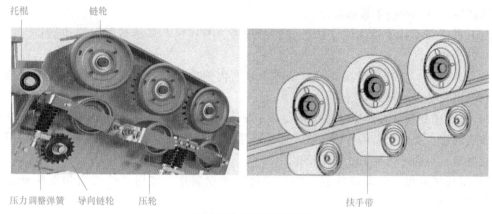

托棍　　链轮

压力调整弹簧　导向链轮　压轮

扶手带

a) 直线压轮式扶手带驱动装置

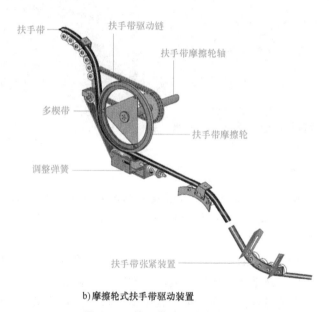

扶手带　　扶手带驱动链

扶手带摩擦轮轴

多楔带

扶手带摩擦轮

调整弹簧

扶手带张紧装置

b) 摩擦轮式扶手带驱动装置

图 1-27　扶手带的驱动装置

2）摩擦轮式驱动。摩擦轮式驱动适合于室内和室外应用，摩擦轮的外缘包有橡胶或聚氨酯，可以增大摩擦轮与扶手带之间的摩擦力，当橡胶磨损严重造成扶手带与摩擦轮之间打滑或者与梯级速度不同步时，应更换摩擦轮，具体内容见"实训任务 4.1.5"。

3）端部轮式驱动。由于端部轮式驱动系统驱动力矩大、运行平稳且维护保养方便，因此该结构多用于公交站场的自动扶梯。

（2）扶手带导向系统　扶手带导向系统由扶手导轨及导向组件构成，按位置可分为乘客段、返回段和端部转向段。

1）乘客段扶手带导轨是对乘客手握部分的扶手带起导向作用。

2）返回段扶手带导轨不需要承受乘客的负载，主要作用是导向、调节扶手带的张紧力并去除静电。

3）端部转向段扶手带导轨的主要作用是减少扶手带通过端部时的摩擦阻力，主要有滚轮结构和导轮结构的扶手带端部转向。

（3）扶手带　扶手带是位于扶手装置的顶面，与梯级、踏板或胶带同步运行，供乘客扶握的带状部件。

（4）护壁板　护壁板是在扶手带下方，装在内侧盖板与外侧盖板之间的装饰护板。护壁板有玻璃和金属两种材质。

1）玻璃护壁板。玻璃护壁板如图 1-28a 所示，一般采用透明或半透明的 10mm 厚特制钢化玻璃制作，支承于夹紧件内，在均布的扶手撑架上使用螺栓固定，玻璃板内外均用不锈钢盖板覆盖，有的还带有 LED 灯照明。

2）金属护壁板。金属护壁板一般用发纹不锈钢制作，多用于公交型和重载型自动扶梯，如图 1-28b 所示。

a) 玻璃护壁板　　　　　　　　　　　　　　　b) 金属护壁板

图 1-28　护壁板

（5）围裙板　围裙板是与梯级、踏板或胶带两侧相邻的金属围板。围裙板任何一侧与梯级的水平间隙不应大于 4mm，在两侧对称位置处测得的间隙总和不应大于 7mm。

7. 润滑系统

自动扶梯是一种连续运行的运输设备，因此自动扶梯的传动链条、驱动主机的减速机和各类轴承等的润滑具有十分重要的作用。能够得到充分、合理的润滑可以有效地减少自动扶梯运动部件磨损，延长使用寿命，同时可以减少运行阻力，降低运行噪声。

自动扶梯对各种传动链条都有专用的润滑装置进行润滑，常用的链条的润滑装置有滴油式和自动润滑装置两种。自动润滑装置基本结构示意图如图 1-29 所示，其工作原理与维护保养要求可见"项目 5"。

二、自动扶梯的安全保护系统

自动扶梯的安全保护系统是在任何情况下都能够保证乘客和自动扶梯设备本身的安全而设置的各种保护装置。自动扶梯安全保护系统包括制动器和梯级链保护装置、梯级塌陷保护装置、梯级缺失监测装置、梳齿板安全保护装置、围裙板安全保护装置、扶手带入口保护装置、扶手带断带保护装置、超速保护和非操纵逆转保护装置等。其中制动器已在前面介绍了，在此主要介绍其他保护装置的作用，有的具体结构和工作原理可见"项目 4"。

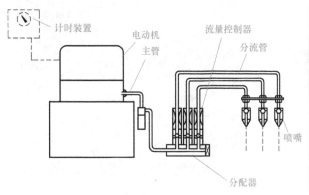

a) 基本结构示意图

b) 实物图

图 1-29   自动润滑装置基本结构示意图

1. 梯级链保护装置

根据 GB 16899—2011，梯级链条应能连续地张紧。在张紧装置的前后位移超过 20mm 之前，自动扶梯应自动停止运行。

梯级链保护装置是当梯级驱动链断裂或过分松弛时，能使自动扶梯停止的电气装置，该装置通常在梯级链张紧弹簧两端部各设置一个电气安全开关。当张紧装置的前后位移超过 20mm 时，开关动作，自动扶梯停止运行，如图 1-30 所示。

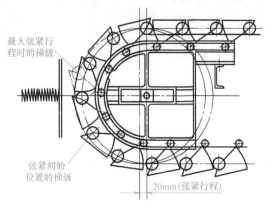

图 1-30   梯级链保护装置

2. 梯级塌陷保护装置

因梯级滚轮破损、梯级轴承断裂或者梯级其他部位破损等原因，导致梯级下陷、倾斜时，如果自动扶梯未能及时停止运行，则会导致梯级上的乘客跌倒或者对自动扶梯设备本身造成严重损坏。因此当发生上述情况时，通过设置在自动扶梯上的梯级塌陷保护装置，可以令自动扶梯立即停止运行，如图 1-31 所示。

3. 梯级缺失监测装置

如果自动扶梯在维修后没有及时装上被拆卸的梯级而自动扶梯又能起动运行，或者由于其他原因造成的梯级缺失，则都会造成严重的后果。因此自动扶梯应在驱动站和转向站安装

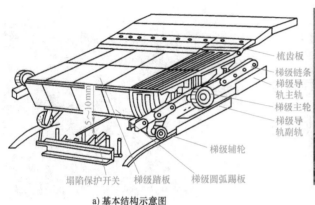
a) 基本结构示意图

梳齿板
梯级链条
梯级导轨主轨
梯级主轮
梯级导轨副轨
梯级辅轮
塌陷保护开关   梯级踏板   梯级圆弧踢板
5～10mm

b) 安装位置图

图 1-31   梯级塌陷保护装置

梯级缺失监测装置,在没有安装梯级的缺口从梳齿板出现之前就能使自动扶梯停止,如图 1-32 所示。

a) 梯级缺失带来的危险状态

b) 梯级缺失监测装置图

图 1-32   梯级缺失监测装置

4. 梳齿板安全保护装置

在上下梳齿板两侧各装有一个梳齿板安全开关,一旦梯级与梳齿相啮合处有异物卡住时,将使梳齿板向后或向上移动,从而断开梳齿板安全开关,使自动扶梯停止运行,如图 1-33 所示。

5. 围裙板安全保护装置

围裙板安全保护装置由围裙板毛刷和围裙板安全开关组成,如图 1-34 所示。围裙板毛刷安装在自动扶梯的两侧围裙板上,防止乘客的衣物被夹在梯级与围裙板之间的间隙。围裙板安全开关安装在围裙板的后面与围裙板之间,一般安装在上下弯转部位,分左右共四个(当提升高度较大时

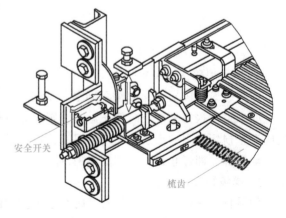
安全开关
梳齿

图 1-33   梳齿板安全保护装置

在扶梯的中间段也要加装安全开关）。当围裙板与梯级间夹有异物时，由于围裙板的变形而断开相应的安全开关，从而使自动扶梯停止运行。

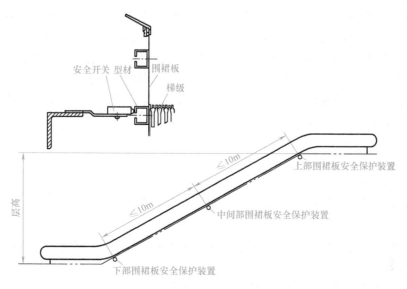

图 1-34 围裙板安全保护装置

6. 扶手带入口保护装置

扶手带入口保护装置主要由入口套、微动开关和托架等组成，如图 4-5 和图 5-15 所示。当有异物或人手推压入口处时，入口套变形后触发微动开关使自动扶梯停止。

7. 扶手带断带保护装置

目前大多数自动扶梯都装有扶手带断带保护装置。该保护装置一般安装在扶手带驱动系统靠近下平层的返回侧，如果扶手带出现松弛、张力不足或者扶手带发生断裂，扶手带断带开关动作，自动扶梯停止运行。

8. 超速保护和非操纵逆转保护装置

图 1-35 所示为超速保护和非操纵逆转保护装置。

（1）超速保护 自动扶梯应在速度超过名义速度的 1.2 倍或 1.4 倍之前自动停止运行。常用的超速保护装置有主驱动轮安装速度传感器或编码器和导轨安装速度传感器两种。

1）主驱动轮速度监测。从主驱动轮的齿轮上采集速度相关的脉冲信号，检测出自动扶梯的实际运行速度，当运行速度过低或者发生逆转时，给控制系统发出信号，切断主机电源，使自动扶梯停止运行。

2）导轨速度监测。直接将检测器件安装在导轨上，监测梯级的运行速度和方向的变化，检测出自动扶梯的实际运行速度，当运行速度过低或者发生逆转时，给控制系统发出信号，切断主机电源，使自动扶梯停止

图 1-35 超速保护和非操纵逆转保护装置

运行。

(2) 非操纵逆转保护　常见的自动扶梯逆转保护装置有电子式和机械式两种。

1) 电子式逆转保护装置。自动扶梯的逆转基本上是只能发生在扶梯上行状态, 在逆转发生前必然先是意外减速, 当速度降到正常速度的 50%～20% 时, 电子式逆转保护装置发出信号, 使自动扶梯制动器动作; 如果此时工作制动器失效, 出现逆转, 电子式逆转保护装置检测到自动扶梯出现了逆转, 则附加制动器动作, 紧急制停自动扶梯。

2) 机械式逆转保护装置。为了提高对逆转检测的可靠性, 有的自动扶梯在装有电子式逆转保护装置的同时, 还安装有机械式逆转保护装置。

 任务实施

步骤一：实训准备

1) 准备实训设备与器材：YL-2170A 型教学用扶梯及其配套工具、器材, 其他类型的自动扶梯; 自动扶梯维修保养通用的工具和量具可参见表 B-3。

2) 指导教师事先了解准备组织学生观察的自动扶梯的周边环境等, 事先做好预案 (如参观路线、学生分组等)。

3) 由指导教师对操作的安全规范要求做简单介绍。

步骤二：观察自动扶梯结构

学生以 3～6 人为一组, 在指导教师的带领下观察自动扶梯, 全面、系统地观察自动扶梯的基本结构, 认识扶梯的各系统和主要部件的安装位置及其作用。可由部件名称去确定位置, 找出部件, 然后将观察情况记录于自动扶梯部件的功能及位置学习记录表 (表 1-5) 中。

表 1-5　自动扶梯部件的功能及位置学习记录表

序号	部件名称	主要功能	安装位置	备注
1				
2				
3				
4				
5				
6				
7				
8				

注意:

1) 以观察 YL-2170A 型教学用扶梯为主, 有条件也可辅助观察其他类型的自动扶梯。

2) 观察过程要注意安全。

步骤三：讨论和总结

学生分组讨论：

1）学生分组，每个人口述所观察的自动扶梯的基本结构和主要部件功能。要求做到能说出部件的主要作用、功能及安装位置。

2）交换角色，重复进行。

任务 1.3　自动扶梯的电气系统与运行原理

任务目标

应知

1. 掌握自动扶梯的电气系统。

2. 理解自动扶梯的电气控制原理。

应会

能够认识自动扶梯的电气系统和运行控制方式。

 基础知识

自动扶梯的电气系统

一、自动扶梯电气系统的组成

自动扶梯的电气系统由电气控制箱，主驱动电动机，电磁制动器，自动润滑电动机，上、下端部的起动、停止钥匙开关及起动警铃钥匙开关，速度监测电气装置，安全保护开关，扶手照明电路，梯级间隙照明电路，下端机房接线箱，移动检修控制盒和故障显示器等组成。YL-2170A 型教学用扶梯的电气元件名称及代号可参见表 B-4，电气图样如图 B-2~图 B-7 所示。

1. 电气控制箱

自动扶梯所有的电气控制元件都装在一个电气控制箱内，位于上部机房，松开螺栓可将电气控制箱提出机房，便于维修人员进行维修。YL2170A 型教学用扶梯的电气控制箱如图 1-36 所示。

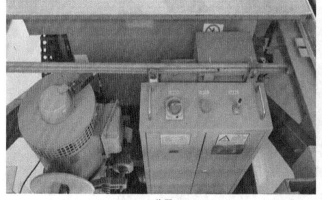

a) 位置　　　　　　　　　　　　　　　　b) 箱内

图 1-36　电气控制箱

2. 故障显示器

YL-2170A 型扶梯有两个故障显示器，分别在电气控制箱的门上和箱里面（图 1-36a、b）。

（1）安全回路故障代码显示装置　在电气控制箱门上装有一个故障显示器（图 1-36a 和图 1-37），上面有三个数码管的故障显示和一块故障说明牌，显示常见的 17 项安全回路故障（表 B-2），便于维修人员快速查找故障。

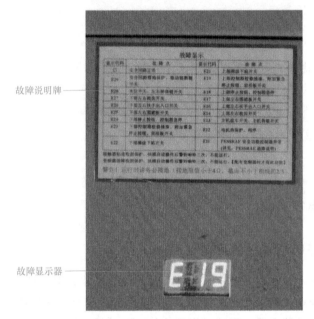

故障说明牌——

故障显示器——

图 1-37　扶梯运行状态故障显示器

（2）MCTC-PES-E1 扶梯安全监控器故障显示器　该显示器在电气控制箱内，如图 1-36b 和图 1-38 所示。YL-2170A 型教学用扶梯可编程电子安全系统有 16 项警示信息或保护功能，10 项故障反应信息，时刻监视着各种输入信号、运行条件和外部反馈信息等，若发生异常

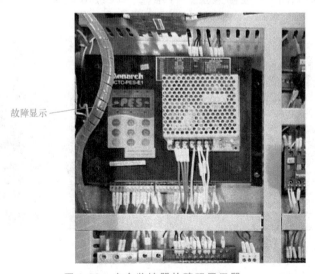

故障显示——

图 1-38　安全监控器故障码显示器

则有相应的保护功能动作，并显示故障代码。此时用户可以根据表 B-3 和表 B-4 所提示的信息进行故障分析，确定故障原因，找出解决方法。

3. 自动运行钥匙开关和紧急停止按钮

自动扶梯的起动及运行方向的确定，是由操作人员转动钥匙开关来实现的。在自动扶梯的上、下部都装有电源钥匙开关和一个红色的紧急停止按钮（提升高度超过 6m 的自动扶梯应在中间增加一个紧急停止按钮），如图 1-39 和图 5-20 所示。

4. 安全保护开关

安全保护开关的作用是保证扶梯的运行安全，一旦扶梯某部位发生故障，扶梯会立即停止运行，并且故障显示装置将显示出发生故障部位的代码，

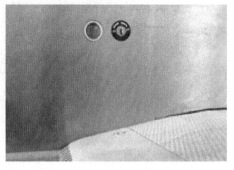

图 1-39　自动运行钥匙开关和紧急停止按钮

维修人员依据故障显示部位排除故障后，扶梯才能重新起动并投入正常运行。自动扶梯各安全保护开关的位置如图 1-40 所示，电气保护装置相关内容可见"任务 4.2"。

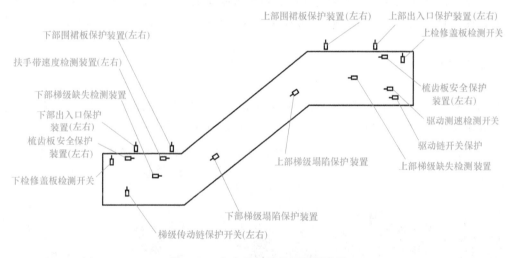

图 1-40　安全保护开关位置示意图

二、自动扶梯的电气控制

自动扶梯一般有四种运行控制方式，可根据用户的需求进行配置。

1）星-三角起动：起动后一直按 0.5m/s 的速度运行。

2）变频起动：起动后按 0.5m/s 的速度运行，若在 3min 内无人乘梯，则速度降为 0.2m/s 以减少耗电，直至感应到有人乘梯后速度再恢复至 0.5m/s。

3）自起动：起动后按 0.5m/s 的速度运行，若在 3min 内无人乘梯，则自动扶梯停止运行以减少耗电；若通过出入口的光电感应开关装置（图 1-41）检测到有人乘梯，则重新起动运行。

4）变频-自起动：起动后按 0.5m/s 的速度运行，若在 3min 内无人乘梯，则速度自动降至 0.2m/s；若再过 3min 仍无人乘梯，则自动扶梯停止运行以节省电能，直至感应到有人乘

梯再重新起动运行。

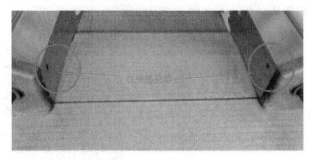

图 1-41 光电感应开关装置

三、YL-2170A 型教学用扶梯的运行控制方式

1. 运行方式

自动扶梯的拖动部分采用变频器调速，通过调节电动机三相交流电的电压及频率来改变电动机的转速，从而改变扶梯的运行速度；当无人乘坐时，约 60s 后扶梯以按名义速度 2/7 的行驶速度运行；当检测到在运行方向有人进入自动扶梯感应区时，自动加速到额定速度运行。

2. 运行过程

(1) 检修运行

1) 拔下上部或者下部电气控制箱上的附加插头，并插上检修插头（插头为多芯航空用插头，如图 1-42 所示），继电器 KJX 不动作，扶梯转换为检修运行。

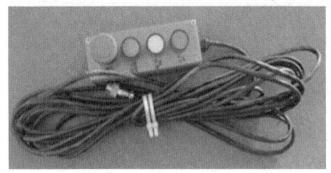
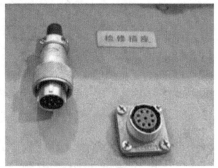

a) 检修控制盒   b) 检修插座

图 1-42 扶梯检修控制盒

2) 手持操纵检修控制盒，检修 FU3、FU4 熔丝，合上电源开关 QF、K1、KF。

3) 若安全回路畅通，PLC 供电正常，且在 "RUN" 状态下，则打开检修控制盒上停止开关（STOP），点动检修控制盒公共按钮（SQ）及上行或下行按钮（UP 或 DOWN），接触器将按下列顺序工作：KU（或 KD）吸合→抱闸接触器 KMB 吸合→运行接触器 YC 吸合→抱闸释放检测开关 KBZ1/KBZ2 动作→PLC 快车继电器信号输出，扶梯按配置的运行方式运行。

4) 检修运行时，扶梯速度监控保护装置、非操纵逆转保护装置、制动距离检测保护装置仍起作用。

（2）正常运行

1）将上下部两只检修附加插头都插上，继电器 KJX 吸合。

2）检修 FU3、FU4 熔丝，合上电源开关 QF、K1、KF。

3）若安全回路正常，PLC 供电正常，且在"RUN"状态下，插入运行起动钥匙，按所需方向旋转，并保持约 0.5s 后复位，控制元器件将按以下顺序工作：KU（或 KD）吸合→抱闸接触器 KMB 吸合→运行接触器 YC 吸合→抱闸释放检测开关 KBZ1/KBZ2 动作→信号通过 PLC/Y01 传输到 INV 变频器 DI3 端口，扶梯按配置的运行方式运行。

（3）智能变频运行

1）经济运行方式：插入钥匙，按运行方向旋转一次，扶梯起动运行。如果连续约 1min 无人进入感应器检测范围，则扶梯将以按额定速度 2/7 的行驶速度运行；当检测到有人进入自动扶梯感应区时，扶梯将自动加速到额定速度运行。

2）标准运行方式：插入钥匙，按运行方向旋转三次，扶梯按配置的运行方式运行，直到按停止按钮停车。此方式为扶梯的标准运行方式（无须智能感应器）。

 任务实施

步骤一：实训准备

1）准备实训设备与器材：YL-2170A 型教学用扶梯及其配套工具、器材，其他类型的自动扶梯；自动扶梯维修保养通用的工具和量具可参见表 B-3。

2）指导教师对学生进行分组，并对操作的安全规范要求做简单介绍。

步骤二：自动扶梯运行控制的学习

1）在指导教师的带领下，了解 YL-2170A 型教学用扶梯的运行控制方式。可由指导老师先演示操作扶梯的三种运行控制方式，学生观察相关电器的安装位置、操作方法及扶梯对应的运行状态，并注意操作要领和安全注意事项。然后可由指导老师每组选派 1~2 名学生进行操作练习（指导老师在旁边监护，注意在运行中要确保扶梯上没有人或物品）。

2）将演示与练习过程的观察记录于扶梯运行控制学习记录表（表 1-6）中（可自行设计记录表格，下同）。

表 1-6 扶梯运行控制学习记录表

运行控制方式	操作步骤	备注
检修运行		
智能变频运行:经济运行方式		
智能变频运行:标准运行方式		
其他记录		

步骤三：讨论和总结

学生分组讨论：

1）学生分组，交流表 1-6 中记录的内容。

2）交换角色，重复进行。

步骤四：自动扶梯安全保护电路的学习（选做内容）

1）学生在指导老师的引导下，先熟悉 YL-2170A 型扶梯的安全保护电路（图 B-5）。

2）学生在指导教师的带领下了解安全保护电路相关电器的安装位置、功能与作用，通过查看故障代码和图样分析故障位置并修理。

3）可由指导教师演示若干个（如 2~3 个）电器动作时的效果。

4）将观察的情况记录于扶梯安全保护电路学习记录表（表 1-7）中。

表 1-7 扶梯安全保护电路学习记录表

序号	安全开关	安装位置、功能及作用	安全开关对应故障代码	备注
1				
2				
3				
其他记录				

阅读材料

阅读材料 1.2 自动扶梯和自动人行道执行的国家标准

自动扶梯和自动人行道与垂直电梯以及其他特种设备一样，都必须严格按照国家标准进行制造、安装、管理和维修保养。由于自动扶梯和自动人行道均属于机械类特种设备，其结构原理、运行模式、使用管理和维修保养等都比较相似。国家标准 GB 16899—2011《自动扶梯和自动人行道的制造与安装安全规范》和 GB/T 7024—2008《电梯、自动扶梯、自动人行道术语》，特种设备安全技术规范 TSG T5002—2017《电梯维护保养规则》和 TSG T7005—2012《电梯监督检验和定期检验规则—自动扶梯与自动人行道》，对涉及自动扶梯和自动人行道的名词术语、参数尺寸、机械构件、电气控制及照明、安装检验、使用管理和维修保养等各方面都做了规定。GB 16899—2011《自动扶梯和自动人行道的制造与安装安全规范》是强制性国家标准，标准中除在前言中特别注明的个别条款和附录之外，其余都是在制造与安全中必须依照执行的，请读者注意查阅和对照。

 项目总结

本项目主要介绍了自动扶梯的特点、分类、主要技术参数和基本结构与运行原理。

1. 自动扶梯与是带有循环运行梯级，用于向上或向下倾斜输送乘客的固定电力驱动设备。自动人行道是带有循环运行（板式或带式）走道，用于水平或倾斜角不大于 12° 输送乘客的固定电力驱动设备。由于自动扶梯与自动人行道是连续运行的，所以在人流量较大且垂直距离不高的公共场所（如机场、车站和商场等）被大量使用。

2. 自动扶梯和自动人行道的主要参数有提升高度、倾斜角、名义宽度、名义速度和额定速度、最大输送能力以及水平移动距离等。

3. 自动扶梯的基本结构由桁架、梯级导轨、梯级、梳齿板与楼层板、驱动系统、扶手带系统、润滑系统、安全保护系统和电气系统等组成。应熟悉自动扶梯的基本结构，了解各个主要部件的作用、构成、分类、工作原理和基本的技术参数，在此基础上理解整梯的结构与运行原理。

4. 自动扶梯和自动人行道的区别，除了本项目总结的四点内容外，还有就是自动扶梯的踏板是上、下展开成楼梯状，而自动人行道的踏板是前、后展开成水平状的。

5. 本项目还学习了自动扶梯电气系统和运行控制方式。

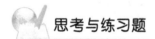 思考与练习题

1-1 填空题

1. 自动扶梯是带有 _____ 设备。

2. 自动扶梯的倾斜角有 _____、_____、_____ 三种，一般不应大于 _____。

3. 自动人行道按使用场所可分为 _____ 型和 _____ 型两种；按照安装位置可分为 _____ 型和 _____ 型两种；按倾斜角度分有 _____ 型和 _____ 型两种；按结构可分为 _____ 式和 _____ 式两种。

4. 自动扶梯的名义速度有 _____ m/s、_____ m/s 和 _____ m/s 三种，最常用的为 _____ m/s。当倾斜角为 35° 时，其名义速度不应大于 _____ m/s。

5. 自动人行道的名义速度有 _____ m/s、_____ m/s、_____ m/s 和 _____ m/s 四种。

6. 自动扶梯的最大输送能力是指 _____。

7. 通常将自动人行道头部与尾部 _____ 点之间的距离称为自动人行道的长度。

8. 自动扶梯的基本结构由 _____、_____、_____、_____、_____、_____、_____ 和 _____ 等组成。

9. 自动扶梯的桁架有 _____ 式和 _____ 式两种。

10. 按照 GB 16899—2011《自动扶梯和自动人行道的制造与安装安全规范》，对于普通型自动扶梯和自动人行道，根据 5000N/m² 的载荷计算或实测的最大挠度，不应超过支承距离的 _____；对于公共交通型自动扶梯和自动人行道，根据 5000N/m² 的载荷计算或实测的最大挠度，不应超过支承距离的 _____。

11. 自动扶梯的梯级有 _____ 梯级与 _____ 梯级两类。

12. 驱动装置的作用是将动力传递给_____系统以及_____系统。

13. 按照自动扶梯驱动装置所在位置，可分为_____驱动、_____驱动、_____驱动和_____驱动四种。

14. 自动扶梯的工作制动器一般采用_____式制动器，可分为_____制动器、_____制动器和_____制动器三种。

15. 自动扶梯的主机与主驱动之间的传动有_____传动和_____传动两种。

16. 扶手带驱动装置有_____驱动、_____驱动和_____驱动等三种形式。

17. 自动扶梯的提升高度超过____m时，应设置一个或多个附加制动器。

18. 对自动扶梯和自动人行道，通常采用_____的方法润滑。

19. 自动扶梯需要自动加油润滑的部件主要有：_____链、_____链、_____装置和_____驱动链等。

20. 自动扶梯安全保护系统包括_____、_____保护装置、_____保护装置、_____装置、_____安全保护装置、_____安全保护装置、_____保护装置、_____保护装置、_____保护装置等。

21. 自动扶梯的超速保护装置应在扶梯的速度超过名义速度的_____倍之前使扶梯自动停止运行。

22. 自动扶梯非操纵逆转保护装置的作用是在_____时使扶梯自动停止运行。

23. 在扶手_____的扶手带_____处最容易将乘客的手指拖入，因此需要在这些部位设置保护装置。

24. 在自动扶梯的上、下部都装有电源钥匙开关和一个_____按钮，如遇有紧急情况，可按下该按钮，自动扶梯立即_____。

25. 亚龙 YL-2170A 型教学用扶梯运行操作方式有_____运行和_____运行。

26. 自动扶梯一般有_____控制方式、_____控制方式、_____控制方式和_____控制方式等四种运行控制方式。

1-2 选择题

1. 自动人行道是带有循环运行（板式或带式）走道，用于水平或倾斜角不大于（　　）输送乘客的固定电力驱动设备。
A. 12°　　　　　B. 15°　　　　　C. 30°　　　　　D. 35°

2. 与垂直电梯相比较，自动扶梯更适合于（　　）的场所。
A. 人流量大且垂直距离高　　　　　B. 人流量少且垂直距离高
C. 人流量大且垂直距离不高　　　　D. 人流量少且垂直距离不高

3. 与垂直电梯相比较，自动扶梯输送乘客的垂直速度（　　）。
A. 较快　　　　　B. 较慢　　　　　C. 差不多　　　　D. 不确定

4. 与垂直电梯相比较，安装自动扶梯所占的空间（　　）。
A. 较多　　　　　B. 较少　　　　　C. 差不多　　　　D. 不确定

5. （　　）承载用的踏板之间是平的，没有台阶。
A. 自动扶梯和自动人行道　　　　　B. 自动扶梯

C. 自动人行道　　　　　　　　D. 不确定

6. 当自动扶梯倾斜角为 35°时，其名义速度应为（　　）m/s。
A. 0.50　　　　B. 0.65　　　　C. 0.75　　　　D. 0.80

7. 当自动扶梯的提升高度不大于 6m 且名义速度不大于 0.5m/s 时，其倾斜角允许增至（　　）。
A. 35°　　　　B. 40°　　　　C. 42°　　　　D. 45°

8. 自动人行道的倾斜角在（　　）之间。
A. 0~10°　　　B. 0~12°　　　C. 0~20°　　　D. 0~30°

9. 在同样长度下，（　　）的驱动功率要相对较大。
A. 自动扶梯　　B. 自动人行道　　C. 两者一样　　D. 不能确定

10. 两者相比较，（　　）的安全性能要更好。
A. 自动扶梯　　B. 自动人行道　　C. 两者一样　　D. 不能确定

11. 提升高度是指自动扶梯进出口两楼层板之间的（　　）。
A. 水平距离　　B. 垂直距离　　C. 直线长度　　D. 斜线长度

12. 倾斜角是指自动扶梯（自动人行道）梯级、踏板或胶带运行方向与水平面构成的（　　）。
A. 最小角度　　B. 平均角度　　C. 最大角度　　D. 以上都不对

13. 自动扶梯的名义速度是指（　　）。
A. 自动扶梯空载时的运行速度　　　B. 自动扶梯轻载时的运行速度
C. 自动扶梯额定负载时的运行速度　　D. 自动扶梯的检修运行速度

14. 自动扶梯的额定速度是指（　　）。
A. 自动扶梯空载时的运行速度　　　B. 自动扶梯轻载时的运行速度
C. 自动扶梯额定负载时的运行速度　　D. 自动扶梯的检修运行速度

15. 规定自动人行道的名义速度一般不应大于（　　）m/s。如果踏板或胶带的宽度不大于 1.10m，并且在出入口踏板或胶带进入梳齿板之前的水平距离不小于 1.60m 时，自动人行道的名义速度最大允许达到（　　）m/s。
A. 0.50　　　　B. 0.65　　　　C. 0.75　　　　D. 0.90

16. 使用购物车和行李车时将导致自动扶梯或自动人行道的输送能力下降约（　　）%。
A. 50　　　　B. 60　　　　C. 70　　　　D. 80

17. 自动扶梯或自动人行道支撑结构设计所依据的载荷是：自动扶梯或自动人行道的自重加上（　　）N/m² 的载荷。
A. 3000　　　　B. 4000　　　　C. 5000　　　　D. 6000

18. 当自动扶梯提升高度超过（　　）m 时，需在金属桁架与建筑物之间安装中间支承。
A. 5　　　　B. 6　　　　C. 7　　　　D. 8

19. 梳齿和梳齿板装设在扶梯的（　　）。
A. 扶手　　　　B. 出入口　　　　C. 梯级　　　　D. 以上都不对

20. 楼层板装设在扶梯的（　　）。
A. 扶手上　　　B. 梯级下部　　　C. 出入口处　　　D. 以上都不对

21. 自动扶梯的梯级应至少用（　　）根钢质链条驱动。

A. 1   B. 2   C. 3   D. 4

22. 小提升高度的扶梯可由（   ）台驱动机驱动，中提升高度的扶梯可由（   ）台驱动机驱动。

A. 1   B. 2   C. 3   D. 4

23. 自动扶梯的梯级是特殊结构形式的四轮小车，有（   ）。

A. 4个主轮   B. 4个辅轮

C. 2个主轮和2个辅轮   D. 4个主轮和4个辅轮

24. 端部驱动式自动扶梯采用（   ）式驱动。

A. 链条   B. 齿条   C. 皮带   D. 齿轮

25. 自动扶梯的梯级和自动人行道踏板的上方，应有不小于（   ）m的垂直高度。

A. 2.0   B. 2.1   C. 2.2   D. 2.3

26. 自动扶梯在空载和有载向下运行时的制停距离应满足：当速度 $v \leq 0.5 \mathrm{m/s}$ 时，制停距离为（   ）m；当速度 $v = 0.65 \mathrm{m/s}$ 时，制停距离为（   ）m；当速度 $v = 0.75 \mathrm{m/s}$ 时，制停距离为（   ）m。

A. 0.2~1.0   B. 0.3~1.3   C. 0.4~1.5   D. 0.4~2.0

27. 附加制动器应在自动扶梯的速度超过额定速度（   ）倍之前动作。

A. 1.2   B. 1.3   C. 1.4   D. 1.5

28. 相对于自动扶梯梯级的运行速度，扶手带的运行速度（   ）。

A. 慢很多   B. 快很多   C. 稍慢   D. 稍快

29. 自动扶梯超速保护装置动作后，（   ）。

A. 只能手动复位   B. 可以自动复位   C. 可随意复位   D. 不能确定

30. 当自动扶梯梯级或踏板的任何部分下陷时，（   ）装置应动作。

A. 超速保护   B. 梯级或踏板的缺失保护

C. 梯级塌陷保护   D. 非操纵逆转保护

31. 在自动扶梯和自动人行道运行时，如果出现扶手带速度偏离梯级、踏板或胶带的实际速度速度大于（   ）%并持续15s时，扶手带速度偏离保护装置应使自动扶梯或自动人行道停止运行。

A. +15   B. -15   C. -20   D. ±15

32. 自动扶梯的扶手带系统不包括（   ）。

A. 驱动系统   B. 栏杆   C. 制动器   D. 都不包括

33. 自动扶梯和自动人行道的停止按钮应选用（   ）颜色。

A. 绿   B. 红   C. 蓝   D. 黑

34. 自动扶梯所有的电气控制元件都安装在一个电气控制箱内，位于（   ）机房。

A. 上部   B. 中部   C. 下部   D. 顶部

35. 在电气控制箱门上装有一个（   ）显示器。

A. 运行状态   B. 检修状态   C. 故障   D. 速度

1-3 判断题

1. 自动人行道一般在水平方向运行，也可以有一定的倾斜度。（   ）

2. 自动扶梯在运行时，倾斜部分是台阶状，像楼梯；而自动人行道承载用的踏板之间是平的，没有台阶。（ ）

3. 自动扶梯的倾斜角只要不超过 35°即可，没有什么具体要求。（ ）

4. 为节省安装位置，可适当提高扶梯的倾斜角。（ ）

5. 在满足一定的条件下，自动人行道的名义速度最大允许达到 0.90m/s。（ ）

6. 对踏板宽度大于 1.00m 的自动人行道，其最大输送能力因踏板宽度的增加和运行速度的提高而相应增加。（ ）

7. 梳齿上的齿槽应与梯级上的齿槽啮合。（ ）

8. 张紧装置通过调整压力弹簧使封闭循环运动梯级链条具有一定的张紧力，使挂在链条上的梯级实现匀速运动。（ ）

1-4 综合题

1. 试述自动扶梯的分类。

2. 试比较自动扶梯、自动人行道与垂直电梯三者各自的特点。

3. 试比较名义速度和额定速度的区别。

4. 试述自动扶梯的基本结构及各部件的作用。

5. 试述自动扶梯的运行原理。

6. 试述自动扶梯的安全保护系统主要由哪些保护装置组成。

7. 试述自动扶梯附加制动器的工作原理。

8. 试述自动扶梯电气系统的组成与原理。

9. 试述自动扶梯四种运行控制方式及比较各自的特点。

10. 试述自动扶梯电气保护装置的功能及特点。

1-5 学习记录与分析

1. 对自动扶梯特点进行小结。

2. 对学习的各种自动扶梯结构，以及自动扶梯空间结构的划分和功能的区分进行小结。

3. 分析表 1-2 中记录的内容，小结参观自动扶梯（自动人行道）的主要收获与体会。

4. 分析表 1-5 中记录的内容，小结观察到的自动扶梯的基本结构与主要部件的过程、步骤、要点和基本要求。

5. 分析表 1-6、表 1-7 中记录的内容，小结学习自动扶梯电气系统的主要收获与体会。

1-6 试叙述对本项目与实训操作的认识、收获与体会

项目2 自动扶梯和自动人行道的使用与管理

任务 2.1 自动扶梯和自动人行道的安全使用

任务目标

应知

1. 掌握自动扶梯和自动人行道的安全操作规程。

2. 了解自动扶梯和自动人行道的各种应急预案。

应会

1. 学会自动扶梯和自动人行道的安全使用方法。

2. 初步学会自动扶梯和自动人行道的应急救援方法。

 基础知识

一、自动扶梯和自动人行道的安全使用要求

按照《中华人民共和国特种设备安全法》，电梯属于特种设备。特种设备的生产（包括设计、制造、安装、改造、修理）、经营、使用、检验、检测，应由负责特种设备安全监督管理的部门进行监督管理。由于自动扶梯和自动人行道是运送乘客的设备，所以使用单位必须按照《中华人民共和国特种设备安全法》和相关法律法规的要求，建立相关的管理制度和机制，确保在使用过程中的人身和设备安全。必须做到以下几点：

1）使用单位应当在自动扶梯和自动人行道投入使用前或者投入使用后三十日内，向负责特种设备安全监督管理的部门办理使用登记，取得使用登记证书。登记标志应当置于自动扶梯和自动人行道的显著位置。

2）使用单位应当建立岗位责任、隐患治理、应急救援等安全管理制度，制订操作规程，保证自动扶梯和自动人行道的安全运行。

3）使用单位应当建立特种设备安全技术档案。安全技术档案应当包括以下内容：

① 特种设备的设计文件、产品质量合格证明、安装及使用维护保养说明、监督检验证明等相关技术资料和文件。

② 特种设备的定期检验和定期自行检查记录。

③ 特种设备的日常使用状况记录。

④ 特种设备及其附属仪器仪表的维护保养记录。

⑤ 特种设备的运行故障和事故记录。

4）使用单位应当对其使用的自动扶梯和自动人行道进行经常性维护保养和定期自行检

查，并做好记录。维护保养应当由制造单位或者依照《中华人民共和国特种设备安全法》取得许可的安装、改造、修理单位进行。维护保养单位应当在维护保养中严格执行安全技术规范的要求，保证其维护保养的自动扶梯和自动人行道的安全性能，并负责落实现场安全防护措施，保证施工安全。维护保养单位应当对其维护保养的自动扶梯和自动人行道的安全性能负责；接到故障通知后，应当立即赶赴现场，并采取必要的应急救援措施。

5）使用单位应当对自动扶梯和自动人行道的使用安全负责，设置特种设备的安全管理机构或者配备专职的安全管理人员。特种设备安全管理人员应当对自动扶梯和自动人行道的使用状况进行经常性检查，发现问题应当立即处理；情况紧急时，可以决定停止使用并及时报告本单位有关负责人。特种设备作业人员在作业过程中发现事故隐患或者其他不安全因素时，应当立即向特种设备安全管理人员和单位有关负责人报告；自动扶梯和自动人行道运行不正常时，特种设备作业人员应当按照操作规程采取有效措施保证安全。

6）使用单位应当将自动扶梯和自动人行道的安全使用说明、安全注意事项和警示标志置于易于被乘客注意的显著位置。公众乘坐自动扶梯和自动人行道，应当遵守安全使用说明和安全注意事项的要求，服从有关工作人员的管理和指挥；遇有运行不正常时，应当按照安全指引，有序撤离。

7）使用单位应当按照安全技术规范的要求，在检验合格有效期届满前一个月向特种设备检验机构提出定期检验要求。使用单位应当将定期检验标志置于该特种设备的显著位置。未经定期检验或者检验不合格的特种设备，不得继续使用。

8）拟停用 1 年以上的自动扶梯，使用单位应当按照 TSG 08—2017《特种设备使用管理规则》，采取有效的保护措施，并且设置停用标志，在停用后 30 日内填写《特种设备停用报废注销登记表》，告知登记机关。重新启用时，使用单位应当进行自行检查，到登记机关办理启用手续；超过定期检验有效期的，应当按照定期检验的有关要求进行检验。

二、自动扶梯和自动人行道的使用注意事项

1）在 GB 16899—2011 中，明确了自动扶梯和自动人行道是机器，即使在非运行状态下，也不能当作固定楼梯和通道使用。以前曾有过的"在停电情况下要兼作疏散乘客使用"提法现已不用了。所以应该强调自动扶梯和自动人行道不能作为楼梯、通道或紧急出口使用。

2）禁止在相邻扶手装置之间或扶手装置和邻近的建筑结构之间放置货物，以保证自动扶梯和自动人行道的出入口区域不被占用，并防止在自动扶梯和自动人行道附近有可能导致误用的布置。

3）在 GB 16899—2011 中，明确指出：不允许在自动扶梯上使用购物车和行李车，因为这将导致危险状态；允许在自动人行道上使用合适的购物车和行李车。

对于可以输送购物车和行李车的自动扶梯和自动人行道，以及所使用的购物车和行李车，也有明确的规定，具体可查阅 GB 16899—2011。

4）扶梯的上部和下部有一个红色的紧急停止按钮（图 1-39、图 2-11 和图 5-20），一旦发生意外，靠近按钮的乘客应第一时间按下按钮，扶梯就会自动停下；如果有乘客摔倒或被夹住，则应马上呼叫位于梯级出入口处的乘客或者值班人员立即按动红色紧急停止按钮，使自动扶梯或自动人行道停止运行，以免造成更大的伤害。（注意：在按下紧急停止按钮之前，操作人员应当尽量确保没有人员正在使用自动扶梯和自动人行道，或提醒梯上人员；在

正常情况下，不能触动紧急停止按钮，严禁恶作剧，以免乘客因毫无防备而发生事故。)

三、自动扶梯和自动人行道的搭乘规则

乘客搭乘自动扶梯和自动人行道时应遵守以下规则：

1）在自动扶梯和自动人行道的入口处要遵守秩序，不要推挤；不要在出入口逗留，若要等人则应该站在旁边，以免对后面的乘客产生阻碍。

2）搭乘自动扶梯时，乘客应面朝扶梯的运行方向站立，手握住扶梯的扶手，如图 2-1 所示。注意不要因为与身边的人交谈而采取背对扶梯运行方向或侧身的姿势。

3）进入扶梯前应注意观察自动扶梯运行的方向，在踏上踏板和离开踏板时应注意安全；不要在自动扶梯上低头玩手机或做其他事情，应该观察前面的情况，不要等到快到出口才匆忙抬头，这样很容易因为惯性摔倒，而且对前面发生的意外也不能及时发觉。

4）不要对相邻自动扶梯和自动人行道的乘客造成干扰。

5）不要在扶梯上行走，更不要在扶梯上逆向行走或在已停驶的扶梯上行走。原因如下：

① 在自动扶梯上行走（特别是在运行中的自动扶梯上行走）十分危险，因为办公楼和住宅楼楼梯

图 2-1　正确乘坐自动扶梯

的梯级高度一般为 15~16cm，阶距为 30~31cm，转换成角度约为 27°；而扶梯的梯级高度一般为 21cm，倾斜角度为 30°~35°。人在高梯度、高倾斜度的扶梯上行走不习惯，容易踏空或者因为脚抬不到位而被绊倒，而且在行走的过程中也容易挤碰其他乘客而产生意外。

② 在自动扶梯上行走会造成扶梯受力不均匀和加速磨损，影响扶梯的使用寿命。因此应改变（过去长期宣传的）在自动扶梯上"左行右立"的习惯，不要在行驶或停驶的自动扶梯上走动（如果赶时间应走楼梯）；而提倡乘坐自动扶梯时应"均匀站立，扶好站稳"。

③ 在因停电或因故障停用的扶梯上行走时，扶梯可能会忽然起动，很容易造成意外。乘坐扶梯时应注意警告标志，有时扶梯虽然在运行，但是在前面放了维修标志（图 2-2），因此也不能使用。

6）儿童和老弱病残人员搭乘扶梯应注意以下几点：

图 2-2　维修中的扶梯

① 儿童和老弱病残人员应由有行为能力的成年人一手拉紧或挽扶搭乘（图 2-3）。

② 不可将婴儿车推上自动扶梯，一定要收好婴儿车，抱住婴儿才可上自动扶梯；若大人抱（背）小孩，注意不能超过 2.3m 标高（或专门标识高度）。

③ 陪儿童和老弱病残人员搭乘自动扶梯的成年人也应用手扶紧扶手带，以免发生意外事故。

④ 依靠拐杖、助行架或轮椅辅助行走的乘客应搭乘垂直电梯。

7）乘坐自动扶梯时，脚应站在梯级踏板四周黄线以内，不要靠近梯级侧边站立（图 2-4），以免鞋边碰到围裙板，同时防止松散的长裙、裤脚边或包带等物被梯级边缘、梳齿板等挂住或拖曳。

图 2-3　儿童应由成年人陪乘

图 2-4　不要靠近梯级侧边站立

8）不要倚靠扶手侧立，以防衣物挂拽或损坏扶手装置；切忌将头部、肢体伸出扶手装置以外（图 2-5），以防受到障碍物、天花板、相邻的自动扶梯或倾斜式自动人行道的撞击，造成人身伤害事故。

9）禁止将婴儿车、购物车和行李车等推上自动扶梯（图 2-6），以免车子失去平衡而造成滚落，这种行为甚至可能造成对其他乘客的伤害或对设备的损坏，需要时请搭乘垂直电梯

图 2-5　身体不要伸出扶手以外

图 2-6　禁止在扶梯上使用手推车

或自动人行道。如果在自动扶梯的周围可以使用购物车或行李车，则应设置适当的障碍物和警示标志阻止其进入自动扶梯。

10）允许在自动人行道上使用合适的购物车和行李车，但在自动人行道上使用的购物车和行李车以及车上物品的宽度和重量等应符合有关规定要求。

11）禁止利用自动扶梯或自动人行道运载物品。禁止乘客携带外形长或体积大的笨重物品，以防碰及天花板、相邻的自动扶梯等而造成人身伤害或设备损坏（图2-7a），也不应把大件过重的物体放到梯级上（图2-7b）。

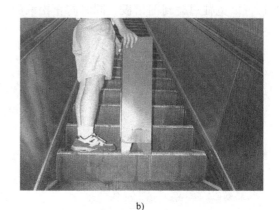

a)   b)

图 2-7 禁止在自动扶梯上运载物品

12）搭乘自动扶梯时乘客随身的箱包、手提袋等行李物品应用手提起携带（对于自动人行道可将其放在购物小推车内）；宠物应抱住，切勿放在梯级踏板上或扶手带上。

13）注意扶手带装置的安全。

① 不要沿扶手带运行的反方向用外力阻止扶手带运行。

② 禁止用手或其他异物触及扶手带入口处，以防卷入（图2-8）；也不要让手指、衣物接触两侧扶手带以下的部件。

③ 禁止用手翻抠扶手带的下缘，否则会影响扶手带的正常运行，损坏扶手装置部件或擦伤、挤伤手指。

④ 不能将小孩、行李放在扶手带上。

⑤ 严禁攀爬扶手装置。

14）自动扶梯和自动人行道运行时梳齿板是较为危险的部位，乘客应注意：

① 尽量避免手、身体、鞋子、衣裙、物品（特别是尖利硬物，如拐杖、雨伞尖端或高跟鞋尖跟等）插入梯级边缘的缝隙或梯级踏板的凹槽中（图2-9），以免损坏梯级或梳齿板，并造成人身意外事故。

② 不要在梯级上丢弃烟蒂，以防发生火灾。

③ 不要在梯级上丢弃果核、瓶盖、雪糕棒、口香糖或商品包装等杂物，以防损坏梳齿板。

④ 禁止赤脚搭乘扶梯，禁止蹲坐在梯级踏板上搭乘，因为当梳齿板有梳齿缺损、变形时，容易使脚部或臀部受到严重伤害。

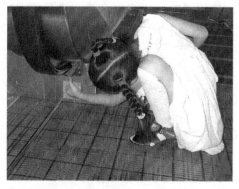

图 2-8　禁止手或其他异物触及扶手带入口处

图 2-9　不要将尖利硬物放到梯级上

⑤ 请勿穿着松软的塑料鞋、橡胶鞋搭乘，或者穿鞋底沾有水、油等易使人滑倒的鞋子搭乘。

15）不要让儿童在扶梯上玩耍：

① 不要让儿童在扶梯上跑动（更不要逆向跑动）。

② 禁止儿童攀爬于扶手带或内盖板上搭乘。

③ 禁止将扶手带或内、外盖板当作滑梯玩耍（图 2-10a）。

　　a)　　　　　　　　　　　　b)

图 2-10　不要在扶梯上玩耍

④ 禁止儿童在扶手带转向端附近玩耍、嬉戏（图 2-10b），以防身体某个部位被扶手带和地板之间夹住。

16）发生意外紧急情况（如乘客摔倒或手指、鞋跟被夹住）时，应立即呼叫位于梯级出入口处的乘客或值班人员立即按动红色紧急停止按钮（图 2-11、图 1-39 和图 5-20），使自动扶梯停止运行，以免造成更大伤害。非紧急情况下请勿按动此按钮，以防突然停止而使其他乘客因身体惯性失去平衡而摔倒。

17）在发生火灾、地震和漏水（如大楼水管破裂）等意外时禁止搭乘扶梯，应通过消防通道或其他安全出口疏散。

图 2-11　红色紧急停止按钮

18）乘坐自动扶梯和自动人行道时应当遵守安全使用说明和以上安全注意事项的要求，服从有关工作人员的管理和指挥；遇有运行不正常或突发事件时，应当按照安全指引有序撤离。

 任务实施

步骤一：实训准备

1）准备实训设备与器材：公共场所中各种实用的自动扶梯和自动人行道；YL-2170A 型教学用扶梯。

2）由指导教师对自动扶梯和自动人行道的使用与管理规定做简单介绍。

步骤二：自动扶梯和自动人行道使用学习

1）学生以 3~6 人为一组，在指导教师的带领下，到公共场所观察自动扶梯和自动人行道的使用情况（注意观察有哪些正确的和不正确的使用行为）。

2）认识（教学用）自动扶梯的各个部分，了解各部分的功能作用，并认真阅读《自动扶梯使用管理规定》和《乘梯须知》等，在教师的指导下正确使用和操作自动扶梯。

3）将学习情况记录于自动扶梯和自动人行道使用学习记录表（表 2-1）中。

表 2-1　自动扶梯和自动人行道使用学习记录表

序号	学习内容	相关记录
1	识读相关技术参数	
2	使用管理要求	
3	其他记录（如观察记录）	

注意：

1）实训过程要注意安全，在公共场所组织教学的注意事项可见"任务 1.1"的"任务实施"中的"相关链接"。

2）有条件应在自动人行道进行学习。

步骤三：讨论和总结

学生分组讨论：

1）学习自动扶梯和自动人行道使用的结果与记录。

2）口述所观察的自动扶梯和自动人行道的基本组成和使用方法；再交换角色，反复进行。

 任务拓展

自动扶梯应急救援演练

1）学生分组，在教师指导下模拟演练自动扶梯发生某个故障时的应急救援过程。

2）学生分组，在教师指导下模拟演练自动扶梯某个部位发生挟持事故时的应急救援过程。

3）演练后分组讨论，每个人口述自动扶梯发生故障和事故时应急救援工作的主要任务、工作过程、基本要求与要点；再交换角色，重复进行。

注意：

1）实训过程要注意安全。

2）有些操作（如盘车）若尚未学习，可暂不进行或由教师演示。

阅读材料

阅读材料 2.1　自动扶梯的应急救援预案和应急救援方法

按照《中华人民共和国特种设备安全法》和 TSG 08—2017《特种设备使用管理规则》，自动扶梯和自动人行道的使用单位应当制订设备事故的应急专项预案，每年至少演练一次，并且做好记录。在发生事故时，应当根据应急预案，立即采取应急措施，组织抢救，防止危害扩大，减少人员伤亡和财产损失，并且按照《特种设备事故报告和调查处理规定》的要求，向质量技术监督部门和有关部门报告，同时配合进行事故调查并做好善后处理工作。在发生自然灾害危及特种设备安全时，使用单位应当立即疏散、撤离有关人员，采取防止危害扩大的必要措施，同时向质量技术监督部门和有关部门报告。

应急救援预案演练的工作主要有：应急救援项目内容的选定、编制、审核、批准；演练前的人员组织、培训；器材的准备；过程记录、总结和归档等相关工作。以下应急预案和救援方法供参考。

一、自动扶梯应急救援操作指引

1. 注意事项

1）应急救援人员应在两人以上；应急救援小组成员均应持有相应的资格证书。

2）在救援的同时要首先保证自身安全。

2. 应急救援的设备、工具、器材与资料

1）开启上、下机房盖板专用工具、盘车手轮或盘车装置和开闸扳手等专用工具。

2）常用五金工具、万用电表、手砂轮/切割设备、扳手、铁锤和撬杠等通用工具。

3）检修控制盒、照明器材、通信设备、单位内应急机构通讯录、安全防护用具和警示牌等。

3. 操作程序

1）切断自动扶梯主电源。

2）确认自动扶梯全行程之内没有无关人员或其他杂物。

3）确认在扶梯上、下入口处已有维修人员进行监护，并设置了安全警示牌。严禁其他人员进入自动扶梯。

4）确认救援行动需要自动扶梯运行的方向。

5）打开上、下机房盖板，放到安全处。

6）装好盘车手轮（固定盘车手轮除外）。

7) 一名维修人员将抱闸打开，另外一人将扶梯盘车手轮上的盘车运动方向标志与救援行动需要电梯运行的方向进行对照，缓慢转动盘车手轮，使扶梯向救援行动需要的方向移动，直到满足救援需要或决定放弃手动操作扶梯运行方法。

8) 关闭抱闸装置。

9) 按照操作规程与规范进行相应的事故处置，对受伤人员进行必要的扶助和保护措施。

10) 所有救援结束后，均应填写《应急救援记录》存档，并向上级领导部门报告。

二、自动扶梯应急救援案例

1. 适用范围

自动扶梯部件故障（如梯级断裂、梯级链断裂或制动器失灵等）。

2. 注意事项

同 "一、1"。

3. 应急救援的设备与工具

同 "一、2"。

4. 操作

按下"急停按钮"或切断电梯总电源、在扶梯上下端站设置警示牌，如果有人员受伤时应对受伤人员进行必要的救援，同时应对自动扶梯进行维护或者修复。

(1) 梯级发生断裂

1) 梯级发生断裂时，梯级下陷安全开关动作，扶梯应能停止运行。

2) 救援人员到达现场后，应在扶梯出、入口处设置安全护栏，关闭自动扶梯总电源，并对受伤者进行紧急救护。

3) 救援人员应持证上岗。

4) 由维修人员对发生故障的设备进行故障原因查找并将其修复。

5) 梯级更换时，同时应检查扶梯整体结构是否有损坏。

6) 整梯更换后，必须对其进行全面的检测，符合自动扶梯的安全技术要求后方可投入使用。

7) 工作完成后，相关人员应按设备档案管理规定的要求填写相应记录，并归入设备档案管理文件保存。

(2) 驱动链断裂

1) 驱动链断裂时，驱动链断链安全开关动作，扶梯应能停止运行。

2) 救援人员应在扶梯出、入口设置安全护栏，关闭自动扶梯总电源，并对受伤者进行紧急救护。

3) 救援人员应持证上岗。

4) 由维修人员对发生故障的设备进行故障原因查找并将其修复。

5) 驱动链修复或者更换时，应核对好规格和型号，使其与原来一致，同时应检查与驱动链相关联的部件是否存在损坏、松动或者磨损严重等问题。

　　6）驱动链修复或者更换好后，必须对其进行全面的检测，符合自动扶梯的安全技术要求后方可投入使用。

　　7）工作完成后，相关人员应按设备档案管理规定的要求填写相应记录，并归入设备档案管理文件保存。

　　（3）制动器失灵

　　在正常运行时不会发生人员伤亡事故，如在正常运行时出现停电、急停回路断开等情况时可能会造成制动器失灵扶梯及扶梯向下滑车的现象，人多时会发生人员挤压事故，此时应立即封锁上端站，防止人员再次进入自动扶梯，并立即疏导底端站的乘梯人员。

三、自动扶梯发生夹持事故的应急救援方法

　　1. 适用范围

　　自动扶梯的部件（如梯级与围裙板、扶手带、梳齿板等）发生夹持事故时。

　　2. 注意事项

　　同"一、1"。

　　3. 应急救援的设备与工具

　　同"一、2"。

　　4. 操作

　　1）按下"急停按钮"或切断电梯总电源、在扶梯上下端站设置警示牌、对受伤人员进行必要的扶助。

　　2）若确认有乘客受伤或有可能有乘客受伤等情况，则应立即同时通报120急救中心，以使急救中心做出相应行动。

　　（1）梯级与围裙板发生夹持事故

　　1）如果围裙板开关（安全装置）起作用：可通过反方向盘车方法救援。

　　2）切断自动扶梯主电源。

　　3）确认自动扶梯全行程之内没有无关人员或其他杂物。

　　4）确认在扶梯上、下入口处已有维修人员进行监护，并设置了安全警示牌。严禁其他人员进入自动扶梯。

　　5）确认救援行动需要自动扶梯运行的方向。

　　6）打开上、下机房盖板，放到安全处。

　　7）装好盘车手轮（固定盘车手轮除外）。

　　8）一名维修人员将抱闸打开，另外一人将扶梯盘车手轮上的盘车运动方向标志与救援行动需要电梯运行的方向进行对照，缓慢转动盘车手轮，使扶梯向救援行动需要的方向运行，直到满足救援需要或决定放弃手动操作扶梯运行方法。

　　9）关闭抱闸装置。

　　10）若上述方法无法进行则应参照下列方法进行救援。

　　① 如果围裙板开关（安全装置）不起作用，则应以最快的速度对内侧盖板、围裙板进行拆除或切割，救出受困人员。

　　② 若以上方法不能完成救援活动，则应急救援小组负责人应向上级报告请求支援。

（2）扶手带发生夹持事故

1）扶手带入口处夹持乘客，可拆掉扶手带入口保护装置，即可救出夹持乘客。

2）扶手带夹伤乘客，可用工具撬开扶手带救出受伤乘客。

3）对夹持乘客的部件进行拆除或切割，救出受困人员。

4）若以上方法不能完成救援活动，则应急救援小组负责人应向上级报告请求支援。

（3）梳齿板发生夹持事故

1）拆除梳齿板或通过反方向盘车方法救援。

2）切断自动扶梯主电源。

3）确认自动扶梯全行程之内没有无关人员或其他杂物。

4）确认在扶梯上、下入口处已有维修人员进行监护，并设置了安全警示牌。严禁其他人员上、下自动扶梯。

5）确认救援行动需要自动扶梯运行的方向。

6）打开上、下机房盖板，放到安全处。

7）装好盘车手轮（固定盘车手轮除外）。

8）一名维修人员将抱闸打开，另外一人将扶梯盘车手轮上的盘车运动方向标志与救援行动需要电梯运行的方向进行对照，缓慢转动盘车手轮，使扶梯向救援行动需要的方向运行，直到满足救援需要或决定放弃手动操作扶梯运行方法。

9）关闭抱闸装置。

10）若上述方法无法进行则应参照下列方法进行救援。

① 对梳齿板、楼层板进行拆除或切割，完成救援工作。

② 若以上方法不能完成救援活动，则应急救援小组负责人应向上级报告请求支援。

任务2.2　自动扶梯和自动人行道的日常管理

任务目标

应知

认识自动扶梯和自动人行道管理的相关规定。

应会

掌握自动扶梯和自动人行道的日常管理方法。

 基础知识

一、自动扶梯和自动人行道的管理事项

（一）落实管理部门及管理人员

1）按照《中华人民共和国特种设备安全法》，自动扶梯和自动人行道的使用单位及其主要负责人应对其使用的自动扶梯和自动人行道安全负责，同时应当按照国家有关规定配备特种设备安全管理人员、检测人员和作业人员，并对其进行必要的安全教育和技能培训。

2）自动扶梯和自动人行道的安全管理人员、检测人员和作业人员应当按照国家有关规定取得相应资格，方可从事相关工作。

3）自动扶梯和自动人行道的安全管理人员、检测人员和作业人员应当严格执行安全技术规范和管理制度，保证特种设备安全。

（二）加强自动扶梯和自动人行道管理的措施

1. 建立健全完善的管理制度

自动扶梯和自动人行道之所以能够安全运行，必须依赖于健全完善可行的管理制度。而自动扶梯和自动人行道停运及发生安全事故的根本原因，就在于缺乏完善的管理制度。其中，维修人员岗位责任制，维修、保养交接班制度，日常维修保养制度和维修人员安全操作规程等，都是建立相关制度时主要考虑的内容。自动扶梯和自动人行道维修人员必须严格履行岗位责任制，遵守安全操作规程。值班人员要将自动扶梯运行情况、设备发生的故障及处理过程详细填写在交接班记录本上，以使接班的维修人员及时掌握情况。

1）新安装自动扶梯和自动人行道的使用单位必须持特种设备检验机构出具的验收检验报告和安全检验合格标记，到所在地区的地（市）级以上特种设备安全监察机构注册使用登记，将安全检验合格标志固定在特种设备的显著位置上后，方可投入正式使用。

2）使用单位必须按期向自动扶梯和自动人行道所在地的特种设备检验机构申请定期检验，及时更换安全检验合格标志。自动扶梯和自动人行道的定期检验周期为一年，安全检验合格标志超过有效期的自动扶梯和自动人行道不得使用。

3）自动扶梯和自动人行道的维保人员应持有特种设备安全管理员证，经使用单位聘用后方能上岗。

4）自动扶梯和自动人行道的维保单位应有相应的许可资格证。

5）自动扶梯和自动人行道的起动钥匙应由专人保管。

6）自动扶梯和自动人行道正常运行时应有专人巡查。

7）每次检查、保养、修理后应进行记录。

8）自动扶梯和自动人行道应有起动及关停管理制度。

9）使用单位应制订发生事故时采取紧急救援措施的细则。

10）应制订自动扶梯和自动人行道的检查维修制度。

2. 安全标志

按照 GB 16899—2011，自动扶梯和自动人行道应有以下安全标志：

1）下列指令标志和禁止标志应设置在入口附近。

① 小孩必须拉住（图 2-12a）。

② 宠物必须抱着（图 2-12b）。

③ 握住扶手带（图 2-12c）。

④ 禁止使用手推车（图 2-12d）。

⑤ 可根据需要增加标志，如不准运输笨重物品、赤脚者不准使用等。

2）紧急停止按钮应为红色，并在该装置上或紧靠着它的地方标上"停止"字样。

3）在维护、修理或检查等工作期间，自动扶梯或自动人行道的出入口处应设置适当的装置拦住未经授权人员。该装置应标明"不准靠近"字样或采用"禁止通行"标志。

4）如果有手动盘车装置，则在其附近应有操作使用说明，并且应明确标明自动扶梯或

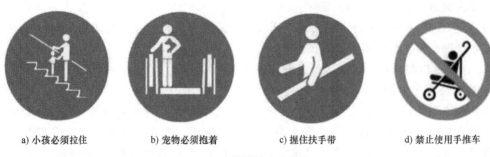

图 2-12 自动扶梯的安全标志 (一)

自动人行道的运行方向。

5) 在分离机房、驱动站和转向站的入口门上应有固定、明显的标志："机器重地-危险""未经授权人员禁止入内"等。

6) 对于自动起动式自动扶梯和自动人行道，应设置一个清晰可见的信号系统，例如：道路交通信号，以便向使用者指明自动扶梯或自动人行道是否可供使用及其运行方向。

7) 安全标志的设计应符合 GB/T 2893.1 和 GB/T 2893.3 的规定，标志的最小直径为80mm，所有的标志、说明和使用须知应由经久耐用的材料制成，设置在醒目的位置，并且采用中文书写 (必要时可同时使用几种文字)，字体应清晰、工整。

部分标志如图 2-13 所示 (资料来源于 GB 2894—2008《安全标志及其使用导则》和GB/T 31200—2014《电梯、自动扶梯和自动人行道乘用图形标志及其使用导则》)。

图 2-13 自动扶梯的安全标志 (二)

3. 建立自动扶梯与自动人行道的管理档案

1) 将自动扶梯出厂时带来的所有技术文件和图样进行编号并归档，妥善保管的同时还应便于查阅。在这些资料中，自动扶梯与自动人行道的使用维护说明书、电气控制原理图以及电气接线图应该放在醒目的位置，以便日常维护保养时查阅。

2) 每年特种设备检验机构对自动扶梯与自动人行道的检验报告书、每次维修记录以及发生事故记录也应相应建立档案。

4. 加强自动扶梯和自动人行道维护保养监督管理工作

《中华人民共和国特种设备安全法》对电梯维保单位和维保人员进行了严格的要求，要求维护保养的作业人员必须经过专业培训、取得作业资格；维护保养过程应当严格执行安全技术规范要求，并落实现场防护措施，保证施工安全。接受监管部门定期或不定期深入开展自动扶梯质量安全风险排查整治工作，对排查中发现的问题，要责令相关单位立即落实整改措施，整改不到位的，要依法予以强制停用，对违法违规行为要依法予以严厉查处，切实保障扶梯安全运行，防止意外事故发生。

5. 提高自动扶梯和自动人行道维修人员的综合素质

1) 自动扶梯和自动人行道操作人员和维修人员的综合素质决定了其管理水平。端正的工作态度以及高度的责任心是自动扶梯和自动人行道维修人员应具备的基本素质。作为合格的维修人员，对于扶梯基本的机械构造、电气工作原理和修理技能、安装工艺、相关性能以及维护方式、扶梯维护规程和安全操作规程都要足够了解并严格遵守；能迅速、准确地判断并排除故障，缩短停梯时间，使扶梯迅速投入正常工作。

2) 使用单位要建立健全严格的人员管理制度，明细责任分配。相关技术及管理人员要密切协同，各尽其职。另外，对于技术人员的把关，应严格遵守执证上岗制度，定期举行安全知识、法律法规等培训考核，强化检修人员专业素质，严把技术人员质量关。值得一提的是，健全事故发生应急预案的意义也十分重大，建立完善预案能够有效定位围困人员并保障其安全，达到时间最短，损失最少的要求。

二、自动扶梯和自动人行道的日常管理知识

为了使自动扶梯和自动人行道能够安全可靠运行，保护自动扶梯和自动人行道使用者的人身安全并延长自动扶梯和自动人行道的使用寿命，使用单位应当加强对自动扶梯和自动人行道的安全管理，严格执行特种设备安全技术规范的规定。

（一）自动扶梯管理员职责

1) 自动扶梯和自动人行道管理员应持有特种设备安全管理员证，经使用单位聘用后方能上岗。

2) 进行自动扶梯和自动人行道运行的日常巡视，记录自动扶梯日常使用状况。

3) 制订和落实自动扶梯和自动人行道的定期检验计划。

4) 检查自动扶梯和自动人行道安全注意事项和警示标志，确保其齐全清晰。

5) 妥善保管自动扶梯和自动人行道的钥匙及其安全提示牌。

（二）自动扶梯安全操作规范

1) 自动扶梯和自动人行道必须由经过培训的人员操作，且必须是在空载时起动或停机。

2）自动扶梯和自动人行道运行前应确认梯级上无人站立及周围安全，当操作人员发现紧急情况时可以立即按下急停按钮。

3）钥匙必须指定专人保管，其他人不得携带或使用钥匙。

4）用钥匙开关起动扶梯时，若扶梯不能运行，则应检查一下电源总开关、电气控制箱上的主开关和维修控制开关等是否合上，若此时还不能起动，则应通知维修人员到场处理。

5）起动、停止自动扶梯或自动人行道前先围闭上、下出入口；起动前应先按蜂鸣器，确认梯上无人，且整个踏板上没有异物存在，方可起动。

6）在需要改变自动扶梯或自动人行道的运行方向时，必须当扶梯踏板上无乘客且完全停止后，才能进行改变运行方向的操作。

三、自动扶梯和自动人行道维保人员的安全操作规程

1）必须持证上岗，严禁酒后作业、带病作业、疲劳作业。

2）应穿着工作服、工作鞋，戴安全帽，先检查使用的工具是否完好。

3）在自动扶梯上部、下部位置应设置有效三面围蔽护栏以及"禁止人员进入"的警告防护栏。

4）在施工前应由专人负责用自动扶梯钥匙确认上、下机房的蜂鸣器及停止开关是否正常。

5）进入机房维修、保养时应先断开主电源，并在主电源开关处明显位置挂上"检修中，严禁合闸"的警告标志，进入自动扶梯桁架内作业前，应先切断电源，并按下机房急停按钮。

6）共同作业时必须采用可靠的联络信号、做好应答并大声复述。

7）在桁架内作业时，所带工具及物品应在工作完毕后，清点齐全，带出桁架，确认所有工作人员均在桁架外后，自动扶梯方可起动。

8）起动自动扶梯和自动人行道前应先按蜂鸣器，确认梯上无人后方可起动。

9）自动扶梯和自动人行道钥匙必须指定专人操作。

10）检修运行的操作者应经常注意确认周围安全。

11）对于提升高度比较高的自动扶梯，作业负责人应做好安全保障措施。

12）在有空梯级的情况下作业的自动扶梯，必须确认作业人员已离开空梯级并退出所有梯级及梳齿板之外，严格执行应答制度，操作前按蜂鸣器，作业人员方可以点动方式起动自动扶梯。离开时应断开主电源开关，盖好机房盖板并设置护栏。

13）禁止在自动扶梯开口部位或开口部位周边及桁架内进行单独作业。

14）检修运行时，如果在拆除梯级的状态下运行，则不可从空梯级上通过。

15）手动张开制动器时，应使用专用工具。

16）保养作业时（除机房内作业外），如果要拆除盖板，则要注意做好防护和安全措施。

17）自动运行是指自动扶梯的起动及运行方向的确定由操作人员转动钥匙开关来实现。检修运行操作是指由维修人员在检修工作时对自动扶梯实行操控，使自动扶梯按维修速度运行的过程。自动运行与检修运行应遵守以下规则：

① 应确认手动盘车工具是否已拆除，放回原位。

② 作业负责人在起动自动扶梯前应确认作业人员及其他人员的安全状况。

③ 起动时应先确认周围的安全情况，按蜂鸣器，切实执行应答和大声复述制度。

④ 操作者应密切注意周围的安全情况，在确保安全的前提下进行操作。

⑤ 有人在桁架内作业时，禁止检修运行及自动运行。

⑥ 自动扶梯有开口部位（机房未盖盖板或有空梯级）的情况下严禁自动运行。

18）准备维修作业时，应切换至检修状态；检修运行时，应遵守下述规则：

① 运行开始时：上、下部的机房内应没有作业人员；梯级、梳齿板上应没有作业人员；确认桁架内没有作业人员；核准作业人员的人数并确认其全部处于安全状态；开始运行时，应先进行点动运行；运行过程中调查异常声音时，应注意活动部位。

② 出入机房以及进行作业时：应在打开机房盖前先停止自动扶梯运行，打开或关闭盖板时应使用专用工具，拿起盖板时，应弯下腰，以站稳姿势进行，但应注意防止夹到手指或脚趾。进入机房时，应断开安全开关及主电源开关，将运行状态切换至检修状态；切断主电源时，应挂上"严禁合闸"的标志牌；合上主电源前，应先确认桁架内是否有人。

③ 梳齿板周围的作业人员在进行作业时：在楼面上进行检查、调整时，应注意开口部位，保持身体平稳，防止跌倒、坠落；搬运梯级等重物时，应装上盖板，封闭开口部位防止其滚落机房；拆除的盖板不可重叠放置。

④ 在拆、装梯级时：张开制动器，应使用专用的工具进行；拆卸梯级应使用相应的工具；拿出梯级时，要注意防止夹伤手；搬运梯级时应先确认开口部及周围的路径状况；拆下的梯级放置不会妨碍第三者通行且又不会妨碍作业的地方，将梯级摆放在干净、平整的地面上。

⑤ 出入桁架内以及在桁架内作业时：在桁架内作业，作业前作业负责人应做好完全技术交底。作业完毕后须核准作业者人数，确认作业人员及所带工具、物品不在桁架内；作业负责人确认主电源和安全开关已经切断后方可开始作业；手动张开制动器的情况下，应切断主电源和安全开关，严格执行应答制度。

⑥ 盖板、围裙板或护壁板的拆卸、安装作业时：作业负责人确认主电源和安全开关已经切断后方可开始作业；搬运围裙板或护壁板等时，应戴手套，防止手被毛刺割伤，并应确认开口部位及周围路径的状况，将其整齐地摆放在不会妨碍作业及第三者通行的地方；不要在盖板及梯级上放置工具、部件、小螺钉、护壁板等；检查扶手带的驱动轮、张紧轮等旋转物体或滑轮内外侧时，不许将身体的任一部位伸入轮轴内。

 任务实施

步骤一：实训准备

1）准备实训设备与器材：公共场所中各种实用的自动扶梯和自动人行道；YL-2170A 型教学用扶梯（至少一台）。

2）由指导教师对自动扶梯和自动人行道的日常管理规定做简单介绍。

步骤二：自动扶梯管理学习

1）学生以 3~6 人为一组，在指导教师的带领下学习自动扶梯和自动人行道的日常管理要求，并阅读自动扶梯和自动人行道日常管理的有关规定等（可到公共场所的自动扶梯和自动人行道去学习，也可在学校的教学用扶梯上学习）。

2）分组在教师指导下在教学用扶梯上模拟自动扶梯故障停止运行进行处理。

3）将学习情况记录于自动扶梯和自动人行道管理学习记录表（表 2-2）中。

表 2-2　自动扶梯和自动人行道管理学习记录表

序号	学习内容	相关记录
1	日常管理规定和要求	
2	模拟处理异常情况的过程记录	
3	其他记录	

注意：

1）实训过程要注意安全，在公共场所组织教学的注意事项可见"任务 1.1"的"任务实施"中的"相关链接"。

2）有条件应尽量组织到自动扶梯或自动人行道学习。

步骤三：讨论和总结

学生分组讨论：

1）学习自动扶梯和自动人行道管理的结果与记录。

2）口述所观察的自动扶梯模拟故障停止运行后进行处理的方法；再交换角色，反复进行。

 阅读材料

阅读材料 2.2　自动扶梯和自动人行道的主要危险

1）多数自动扶梯和自动人行道上的危险状态是由于人员的滑倒和跌倒导致，其中包括：

① 在梯级、踏板或胶带上以及在梳齿支承板和楼层板上滑倒。

② 扶手带的速度偏差（包括扶手带的停顿）导致的跌倒。

③ 运行方向改变导致的跌倒。

④ 由于加速或减速导致的跌倒。

⑤ 由于机器意外的起动或超速导致的跌倒。

⑥ 由于出入口的照明不足导致的跌倒。

2）此外，自动扶梯和自动人行道所特有的危险还包括：

① 梯级或踏板缺失。

② 被手动盘车装置卡住。

③ 运送除人员外的其他物品，例如：购物车、行李车或手推车。

④ 爬上扶手装置的外侧。

⑤ 在扶手装置间滑行。

⑥ 翻越扶手装置。

⑦ 在扶手带上玩耍。

⑧ 在扶手装置附近区域堆放物品。

⑨ 由于出入口或连续布置的自动扶梯或自动人行道中间出口封闭导致交通阻塞。

⑩ 相连自动扶梯或自动人行道的客流干扰。

⑪ 在扶手转向端被扶手带提起，从邻近的固定栅栏或自动扶梯和自动人行道的扶手装置处跌落。

（摘自 GB 16899—2011《自动扶梯和自动人行道的制造与安装安全规范》中 4.9、4.10）

因此，应认识自动扶梯和自动人行道的结构特点、运行原理及特性，趋利避害，做好相应的防范措施以避免事故与伤害。

阅读材料2.3 加强自动扶梯管理的必要性

自动扶梯不同于垂直升降电梯，其大部分安装在地铁、机场、大型医院及购物中心等人流密集之处，这也使得媒体和公众对于其安全性的关注较垂直升降电梯更高。一旦发生事故，前者的媒体曝光率远大于后者。虽然自动扶梯事故死亡率较电梯低，但由此对伤者产生的身体伤害以及心理阴影是巨大的，在社会上的不良影响也是非常严重的。2010 年和 2011 年分别在深圳、北京发生的两次自动扶梯逆转事故，一时间引发了社会各方面的热烈讨论，引起了全社会的极大关注。至于事故发生原因，通过这些年来自动扶梯事故统计数据可以得知，导致自动扶梯事故的主要原因是乘客使用不当，常表现为乘客的自身疏忽和非故意的误操作，这类原因导致的意外大约占事故总数的92%。以广州地铁二号线"广州火车站"站换乘五号线的自动扶梯停运事件为例，并不是扶梯电力问题或其他设备及管理问题，仅仅是一名约 7 岁男孩按下紧急按钮而引发的。通过现场监控录像回放发现，该男童引发扶梯停运后，工作人员迅速安抚住乘客，有效避免了踩踏事故的发生。因此，加强自动扶梯的管理十分重要，从下面两个事故案例分析也可以看出加强自动扶梯管理的必要性：

事故案例分析（一）

1. 事故经过

2005 年某月某日晚，11 岁的斌斌（化名）随母亲到书城购书。当母亲在三楼购书时，斌斌独自在自动扶梯上玩耍。当斌斌从三楼上四楼时，突然意外地从扶梯上翻出坠落至一楼而死亡。

2. 事故原因分析

1）家长没有对儿童起监护作用，让小孩独自在自动扶梯上玩耍；小孩在乘坐自动扶梯时身体伸出梯外造成坠落。

2）设备存在安全隐患。该书城的每个楼层与自动扶梯两侧之间均有 2m 宽的空隙，从一楼直通四楼，且扶手两侧没有任何防护装置。斌斌正是从这个空隙中从三楼坠落至一楼而死亡的。

事故案例分析（二）

1. 事故经过

2005 年某月某日，某购物商场由于大量人员为抢购廉价商品而涌入由一楼上二楼的扶梯上，使向上运行的扶梯突然逆转向下运行，造成大量乘客在下出入口挤压，有 14 人被送往医院，其中一名 38 岁的妇女更是因胸椎骨析而造成了高位截瘫。

2. 事故原因分析

1）直接的原因是扶梯严重超载运行，其动力不能满足负载的制动力矩而发生逆转，制动器也无法停止运行而导致溜车。

2）商场的管理者没有履行管理职责，未采取有效措施防止扶梯超载。

项目总结

1. 本项目主要介绍自动扶梯和自动人行道的安全操作规程与使用管理知识。要重视对自动扶梯的管理，按照《中华人民共和国特种设备安全法》和其他相关的标准和规定建立并坚持严格贯彻切实可行的规章制度。

2. 作为自动扶梯和自动人行道的管理与安装维保专业人员，应首先熟悉自动扶梯和自动人行道的使用、搭乘规则，做一个自觉的执行者与宣传者。

思考与练习题

2-1 填空题

1. 使用单位应当在自动扶梯和自动人行道投入使用前或者投入使用后_____日内，向负责特种设备安全监督管理的部门办理使用登记，取得使用登记证书。

2. 使用单位应当建立_____、_____、_____等安全管理制度，制订_____，保证自动扶梯和自动人行道的安全运行。

3. 使用单位应当建立特种设备安全技术档案。安全技术档案应当包括以下内容：①_____等相关技术资料和文件；②_____；③_____；④_____；⑤_____。

4. 自动扶梯和自动人行道的维护保养应当由_____单位或者_____单位进行。

5. 乘坐自动扶梯时，乘客应_____扶梯的运行方向，_____站立。

6. 按照《中华人民共和国特种设备安全法》，自动扶梯和自动人行道的使用单位应当制订设备事故的_____预案，_____至少演练一次，并且做好记录。

7. 自动扶梯发生故障或事故时救援人员应在_____人以上。

8. 自动扶梯和自动人行道的安全管理人员、检测人员和作业人员应当按照国家有关规定取得_____，方可从事相关工作。

9. 拟停用 1 年以上的自动扶梯，使用单位应当按照 TSG 08—2017《特种设备使用管理规则》，采取有效的保护措施，并且设置_____标志，在停用后_____日内填写《特种设备停用报废注销登记表》，告知登记机关。重新启用时，使用单位应当进行自行检查，到登记机关办理_____手续。

10. 不要对相邻自动扶梯或自动人行道的乘客_____。

11. GB 16899—2011《自动扶梯和自动人行道的制造与安装安全规范》规定在自动扶梯和自动人行道的入口附近应有"_____""_____""_____"和"_____"安全标志。

12. 如果自动扶梯和自动人行道有手动盘车装置，则在其附近应有_____，并且应明确地标明自动扶梯或自动人行道的_____。

2-2 选择题

1. 自动扶梯和自动人行道的使用登记标志、定期检验标志、安全使用说明、安全注意事项和警示标志应当置于设备的（　　）位置。

A. 显著　　　　　　　B. 隐蔽　　　　　　　C. 可看见　　　　　　　D. 随意

2. 使用单位应当对其使用的自动扶梯和自动人行道进行（　　）性维护保养和（　　）自行检查，并做好记录。

A. 经常　　　　　　　B. 偶然　　　　　　　C. 定期　　　　　　　D. 不定期

3. 使用单位应当对自动扶梯和自动人行道的使用安全负责，设置设备的安全管理机构，配备（　　）。

A. 专职的安全管理人员　　　　　　　B. 兼职的安全管理人员

C. 专职的技术人员　　　　　　　D. 兼职的技术人员

4. 使用单位应当按照安全技术规范的要求，在检验合格有效期届满前（　　）向特种设备检验机构提出定期检验要求。

A. 十天　　　　　　　B. 半个月　　　　　　　C. 一个月　　　　　　　D. 任意时间

5. 自动扶梯和自动人行道的定期检验周期为（　　）。

A. 每月　　　　　　　B. 半年　　　　　　　C. 一年　　　　　　　D. 两年

6. 起动自动扶梯前应先（　　）后方可起动。

A. 确认扶梯上无人　　　　　　　B. 确认扶梯上有人

C. 确认扶梯上无货物　　　　　　　D. 确认扶梯上有货物

7. 当有人在桁架内作业时，（　　）检修运行及自动运行。

A. 允许　　　　　　　B. 禁止

C. 可视情况决定是否允许　　　　　　　D. 随意

8. （　　）单人在自动扶梯开口部位或开口部位周边及桁架内进行单独作业。

A. 允许　　　　　　　B. 禁止

C. 可视情况决定是否允许　　　　　　　D. 随意

9. 自动扶梯在检修运行时，如果在拆除梯级的状态下运行，则（　　）从空梯级上通过。

A. 可以　　　　　　　B. 不可以

C. 可视情况决定是否允许　　　　　　　D. 随意

10.（　　）在相邻扶手装置之间或扶手装置和邻近的建筑结构之间放置货物。

A. 允许　　　　　　　　　　　　　B. 禁止

C. 可视情况决定是否允许　　　　　D. 随意

11. 儿童（　　）独自乘坐自动扶梯。

A. 可以　　　　　　　　　　　　　B. 不可以

C. 可视情况决定是否被允许　　　　D. 随意

12. 自动扶梯（　　）作为运载工具使用。

A. 可以　　　　　　　　　　　　　B. 不可以

C. 可视情况决定是否允许　　　　　D. 随意

13. 乘坐自动扶梯时，乘客的手应该（　　）扶梯的扶手。

A. 握住　　　　　　　　　　　　　B. 不要握住

C. 视情况决定是否握住　　　　　　D. 随意

14. 搭乘扶梯时乘客随身的箱包、手提袋等行李物品（　　）。

A. 可放在梯级板上　　　　　　　　B. 可放在扶手带上

C. 应该用手提起　　　　　　　　　D. 随意

15. 不要穿（　　）搭乘自动扶梯。

A. 容易滑倒的鞋子　　　　　　　　B. 高跟鞋

C. 运动鞋　　　　　　　　　　　　D. 凉鞋

16. 在对自动扶梯的各部件进行清洁和维护保养时，应该（　　）。

A. 严禁烟火　　　　　　　　　　　B. 不禁烟火

C. 视情况决定是否需要禁止烟火　　D. 随意

17. 有人喜欢在向下运行中的自动扶梯上逆行向上跑步，认为这是提高自己的跑步水平和锻炼自己反应能力的好方法。您认为（　　）。

A. 这确实是一种锻炼身体的好方法

B. 这是一种对自己和他人都会造成危害的行为

C. 只要不影响他人就没有关系

D. 这属于个人爱好，不需要干涉

18. 应急救援时应确认在扶梯上、下入口处已有维修人员进行监护，并设置（　　）。

A. 安全警示牌　　B. 阻拦物　　　　C. 安全警告贴纸　　　D. 不确定

19. 在发生火灾、地震和水淹时（　　）搭乘扶梯，应通过消防楼梯或其他安全出口疏散。

A. 允许　　　　　　　　　　　　　B. 禁止

C. 可视情况是否允许　　　　　　　D. 随意

20.（　　）特种设备检验机构对自动扶梯与自动人行道的检验报告书、每次维修记录以及发生事故记录也应相应建立档案。

A. 每天　　　　　B. 每月　　　　　C. 每季度　　　　　D. 每年

21. 值班人员要将自动扶梯运行情况、设备（　　）详细填写在交接班记录本上。

A. 的载货数量　　　　　　　　　　B. 发生的故障及处理过程

C. 的人流量　　　　　　　　　　　D. 其他

22. 维保作业中同一井道及同一时间内，不允许有立体交叉作业，且不得多于（   ）名操作人员。

A. 一　　　　　B. 二　　　　　C. 三　　　　　D. 四

23. 电梯维修人员必须是（   ）的人员。

A. 有电工维修经验　　　　　　　B. 有司机操作证

C. 经过专门培训并取得维修操作证　　D. 随意

24. 特种设备生产、使用单位和特种设备检验检测机构，应当接受（   ）依法进行的特种设备安全监察。

A. 劳动保障部门　　　　　　　　B. 特种设备安全监督管理部门

C. 安全生产监督管理部门　　　　D. 计划执行监督部门

25. 特种设备作业人员在作业中，应当（   ）执行特种设备的操作规程和安全规章制度。

A. 选择　　　　　B. 严格　　　　　C. 熟练　　　　　D. 参照

26. 自动扶梯和自动人行道标志的最小直径为（   ）mm。

A. 50　　　　　B. 60　　　　　C. 70　　　　　D. 80

2-3　判断题

1. 未经定期检验或者检验不合格的自动扶梯和自动人行道不得继续使用。（   ）

2. 自动扶梯和自动人行道的起动钥匙可由多人共同保管。（   ）

3. 为了提高设备的利用率，在不载运乘客时可以用自动扶梯载运货物。（   ）

4. 为了提高设备的利用率，在不载运乘客以及在停电或因故障不能使用时，可以将自动扶梯作为楼梯使用。（   ）

5. 婴儿车、手推车和自行车等不能直接推上自动扶梯。（   ）

6. 合适的手推车可以推上自动人行道。（   ）

7. 在紧急情况下可以立即按下紧急停止按钮，而不需要理会梯上的人员。（   ）

8. 维修保养人员必须经过培训考核，并取得国家级质量技术监督部门颁发的资格证书才能工作。（   ）

9. 在自动扶梯上，不能将头部、四肢伸出梯级以外，以免受到障碍物、天花板、相邻的自动扶梯的撞击。（   ）

10. 在中国境内，电梯的安装与维修应执行中国企业标准。（   ）

11. 在维护、修理和检查等工作期间，自动扶梯或自动人行道的出入口处应设置适当的装置拦住未经授权的人员进入。（   ）

2-4　综合题

1. 试述自动扶梯的安全操作规程以及使用注意事项。

2. 试述自动扶梯的应急救援步骤。

3. 试述自动扶梯和自动人行道的使用方法。

4. 试述自动扶梯和自动人行道的各种管理措施。

2-5 学习记录与分析

1. 分析自动扶梯和自动人行道的使用注意事项，小结学习自动扶梯和自动人行道安全操作规程的收获与体会。

2. 分析自动扶梯部件故障的应急救援方法，小结自动扶梯部件故障时应采用的应急方法。

3. 分析自动扶梯和自动人行道的使用与管理办法和表 2-1、表 2-2 中记录的内容。

2-6 试叙述对本项目与实训操作的认识、收获与体会

项目3 自动扶梯的安装与调试

任务3.1 自动扶梯安装的准备工作

任务目标

应知

理解自动扶梯安装前的现场勘查与检测工作内容。

应会

能够结合各类自动扶梯安装现场的实际情况，进行现场勘查与检测工作。

 基础知识

一、施工准备

在工厂内装配完成的自动扶梯可以整机安装或是分段运往现场进行安装。在安装自动扶梯之前必须熟悉有关文件，包括自动扶梯的安装土建平面布置图、自动扶梯的安装及使用说明书等。

1. 技术资料

自动扶梯主要的技术资料至少应包括：土建图样、产品出厂合格证、安装及使用说明书和施工许可证等。

2. 安装工具、量具和器材

安装自动扶梯使用的工具、量具和器材有：

1）切割机、电焊机、真空吸盘、力矩扳手、电工工具、手电钻、钢锯、橡胶锤、常用五金工具和手电筒等。

2）吊装搬运机具，如卷扬机、手拉葫芦、撬杠和滑轮等。

3）测量器材，如经纬仪或全站仪、水平仪、钢直尺、绝缘电阻测试仪、接地电阻测试仪、数字万用表、斜塞尺、水平尺和钢卷尺等。

在安装前应对使用的工具、量具和器材进行检查，对吊装搬运机具和测量器材进行检测调试。

3. 作业条件

自动扶梯在安装作业时，安装部位及四周应无杂物、积水，扶梯上、下支撑面预埋钢板应符合图样要求，安装现场必须有足够的照明，工作时必须遵守安全规程。

4. 技术准备

自动扶梯安装前应做好以下技术准备工作:

1) 技术资料及图样齐全,编制施工方案。

2) 对操作人员进行现场技术、安全交底。

二、自动扶梯土建结构测量

土建结构测量是自动扶梯安装的基础步骤,土建结构的情况直接影响后续安装作业,因此在安装工作实施前应进行提升高度测量、跨度测量以及相关尺寸复核等操作内容。

(1) 提升高度测量 提升高度测量是指以上支撑面预埋钢板宽度中心为上测点,下支撑面预埋钢板宽度中心所在水平面为下测点,用钢卷尺测量上测点至下测点间的垂直距离,也可使用经纬仪或全站仪测量上、下支撑面预埋钢板间的高度差,如图 3-1 所示。提升高度偏差一般允许控制在 ±15mm 内。

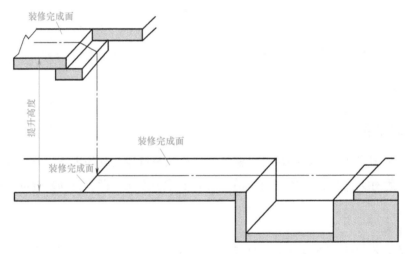

图 3-1 提升高度测量示意图

(2) 水平投影长度 水平投影长度是自动扶梯上、下端部支撑点之间的水平距离,也称跨度。通常是指建筑物中,梁、拱券两端的承重结构之间的距离,或两支点中心之间的距离。一般允许偏差为 0~15mm。

(3) 井道宽度 井道宽度应该在自动扶梯整个水平投影长度范围内。

(4) 尺寸复核 复核自动扶梯土建尺寸要进行多次,包括测量提升高度、水平投影长度和井道宽度等。自动扶梯上、下支承梁与自动扶梯中心线应保持垂直。图 3-2 所示为自动扶梯安装的相关土建尺寸。

(5) 其他相关尺寸 将自动扶梯整体或分段运往安装工地时,可采用公路运输或铁路运输。运输尺寸和安装尺寸都应在平面布置图上查取。安装尺寸为最终尺寸,包括自动扶梯外表的粉刷或镶面。土建方面必须保证提升高度的尺寸偏差在任何情况下都不得超过规定值。在安装自动扶梯的建筑物内吊运自动扶梯时,所用数据必须以平面布置图为依据。所有竣工地面和临时工作地面均需能承受所要求的载荷。自动扶梯在建筑物内的搬运空间不得低于自动扶梯高度、宽度和长度等要求的最小尺寸。

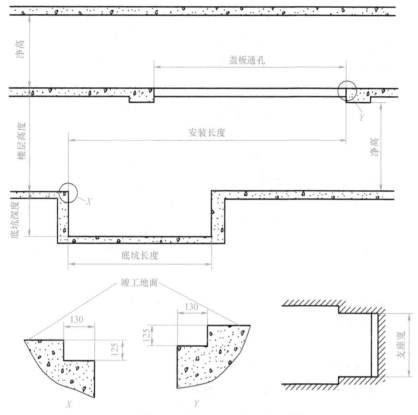

图 3-2　自动扶梯安装的相关土建尺寸（单位：mm）

 任务实施

步骤一：实训准备

1）准备实训设备与器材：自动扶梯与自动人行道安装现场；自动扶梯安装的工具、量具和器材（参见"基础知识"）。

2）指导教师先到安装现场踩点，了解周边环境、交通路线等，提前做好预案。

3）对学生进行参观前的安全和有关注意事项的教育（详见"相关链接"）。

4）给学生讲解实训内容与要求。

步骤二：现场土建勘查与测量

到自动扶梯的安装施工现场进行土建勘查与测量工作，将测量结果记录于自动扶梯安装现场测量记录表（表3-1）中。

表 3-1　自动扶梯安装现场测量记录表

序号	项目	标准值	允许偏差/mm	测量结果/mm	是否合格
1	提升高度	土建图样标注值	±15		是□　否□
2	跨度	土建图样标注值	0~+15		是□　否□
3	底坑长度	土建图样标注值	≥0		是□　否□
4	底坑宽度	土建图样标注值	≥0		是□　否□

（续）

序号	项目	标准值	允许偏差/mm	测量结果/mm	是否合格
5	底坑深度	土建图样标注值	≥0		是□　否□
6	上台阶长度	桁架宽度+100mm	≥0		是□　否□
7	上台阶宽度	200mm	≥0		是□　否□
8	上台阶深度	扶梯型号要求值	±10		是□　否□
9	下台阶长度	桁架宽度+100mm	≥0		是□　否□
10	下台阶宽度	200mm	≥0		是□　否□
11	下台阶深度	扶梯型号要求值	±10		是□　否□
12	楼层预留孔长度	实际土建标注值	≥0		是□　否□
13	楼层预留孔宽度	桁架宽度+100mm	≥0		是□　否□
14	楼板厚度	土建图样标注值	≥0		是□　否□
测量结论					

步骤三：讨论和总结

学生分组讨论：

1）现场进行土建勘查与测量工作的要领与体会。

2）可相互讲述操作方法，再交换角色，重复进行。

相关链接

扶梯安装注意事项

1）自动扶梯的安装需要特殊的技能，只有经过国家许可的、具有相应安装资格的企业才能实施自动扶梯的安装。由于自动扶梯的性能在不断改进，具体实施安装作业前需查看安装说明和技术指导文件。

2）严禁使用柴油或汽油清洁梯级链、主（辅）轮和清洗减速机。

3）严禁油脂或酒精等化学品接触扶手带。

4）禁止利用自动扶梯作为输送机直接运载安装器械和器材。

阅读材料

阅读材料3.1　自动扶梯安装施工现场管理制度

1. 现场质量管理

1）具有完善的验收标准、安装工艺及施工操作规程（或施工组织设计）。

2）具有本企业制订的包含施工过程中各个工序的安装工程过程控制文件及项目质量计划。

2. 扶梯安装工程施工质量控制制度

1）扶梯安装前，对施工现场应具备的施工条件勘察确认后，应进行土建交接检验，并填写书面交接记录。

2) 扶梯设备进场验收，应由各方（厂家、业主代表、安装单位和监理单位）共同进行，并将缺损件填写在扶梯开箱点件记录表上。

3) 扶梯安装的各道工序均需要按照自检、互检、安装单位确认的质量控制制度进行确认，隐蔽工程项目作业前必须事先邀请业主代表和监理单位到场确认并在相关质量记录表上签字，安装单位负责及时填写各道工序的质量记录表，每道工序合格后报请本企业工程质量管理部门检查确认。

4) 本企业工程质量管理部门根据项目的检验计划及时进行各工序的质量检查确认，对不合格项提出书面整改意见并确认，全部合格后填写质量验收部门规定的质量验收记录表格。

5) 安装过程中若需要技术变更，应事先得到厂家及业主代表和监理单位的签字确认后进行，并应填写技术变更记录表；变更项目若涉及经济问题，则应在变更项目完成后，及时办理变更项目经济洽商。

3. 质量监督验收前，扶梯安装工程应具备的条件

1) 参加安装工程施工和质量验收的人员，必须具备相应的资格。

2) 承担有关安全性能检测的单位必须具备相应的资格。仪器设备应满足精度要求，并应在检定有效期内。

3) 分项工程质量验收应在企业内部自检合格的基础上进行。

4) 分项工程质量应分别按主控项目和一般项目进行检查验收。

5) 隐蔽工程应在企业内部检查合格后，在隐蔽前通知有关单位验收，并形成验收文件。

任务 3.2　自动扶梯的安装

任务目标

应知

掌握自动扶梯安装的基本内容与要求。

应会

1. 能够完成自动扶梯基本部件的安装。

2. 能够完成自动扶梯基本部件的检测与调整。

 基础知识

一、自动扶梯桁架的起吊及安装

1. 自动扶梯桁架的起吊（以 YL-2170A 型教学用扶梯为例）

起吊自动扶梯的桁架时，吊挂的受力点只能在自动扶梯两端的支承角钢上的吊挂螺栓或吊装脚上，如图 3-3 所示。严禁撞击自动扶梯其他部位，拉动和抬高自动扶梯时一律不得使其他部位受力。所用起重设备的各项参数、使用的各种取物装置和吊装方式均需符合《起

重机械安全规程》的规定。

图 3-3　自动扶梯起吊受力点

自动扶梯的两个端部各有两个吊挂螺栓，如图 3-4 所示。在使用这些螺栓时，必须掀开自动扶梯的上、下端部盖板。使用吊具起吊的步骤为：

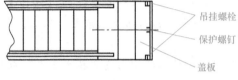

1）拧出保护螺钉。

2）拔出吊挂螺栓。

3）嵌进一或两个绳头固定环。

4）推入吊挂螺栓。

5）拧紧固定螺钉。

2. 自动扶梯桁架的安装

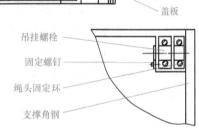

图 3-4　自动扶梯吊挂螺栓

安装自动扶梯桁架结构的支座必须保持支座表面的平整、干净和水平。支座由扁钢与橡胶中间衬垫所组成，用两个辅助螺钉将自动扶梯桁架结构的支撑角钢固定，这两个辅助螺钉在桁架结构放置到支座上后必须去掉，以四个调节螺钉将自动扶梯桁架结构调节水平，如图 3-5 所示。

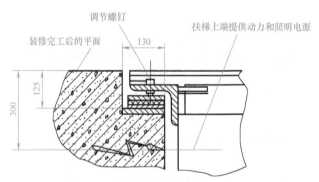

图 3-5　自动扶梯支座（单位：mm）

如果安装后的自动扶梯提升高度和建筑物提升高度之间出现细小误差，则可以保持倾斜角，通过建筑物楼面修整减小误差。倾斜角允许误差最大为 0.5°。

桁架结构的水平度可用经纬仪测量。使用经纬仪时，以其刻度垂直于梳齿板后沿的方式，据此调整桁架结构的水平度至小于 1.0/1000 的范围。

二、护壁板与扶手导轨的安装

1. 安装玻璃护壁板

首先拆下自动扶梯的内盖板，再按由下至上的顺序安装玻璃护壁板，下弯段玻璃按外盖板（或玻璃托架）上的安装位置记号定位（图 3-6），其他的玻璃按顺序安装。

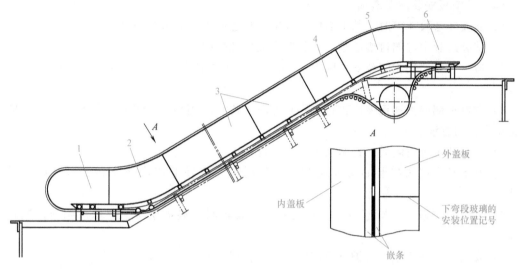

图 3-6　玻璃护壁板的安装

1—下端头玻璃（3 级水平梯级）　2—下弯段玻璃　3—直线段玻璃　4—非直线段玻璃
5—上弯段玻璃　6—上端头玻璃（3 级水平梯级）

（1）安装下弯段玻璃　将玻璃衬垫放入玻璃托架内，位置在夹紧座和玻璃拼缝处，如图 3-7 所示。用玻璃吸盘将玻璃慢慢插入预先放好的玻璃衬垫中，按安装位置做好记号，正确调整玻璃的位置，紧固夹紧座。

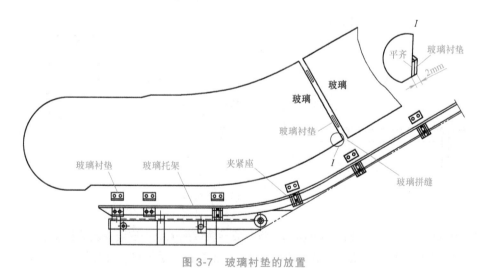

图 3-7　玻璃衬垫的放置

（2）安装直线段玻璃　在前块玻璃底部放入两片剪成长条的玻璃衬垫，如图 3-7 的 I 视图所示。在玻璃托架中放入玻璃衬垫，将玻璃放入玻璃衬垫中，并在与相邻玻璃的拼缝处放置两片玻璃衬垫，如图 3-7 所示。正确调整玻璃拼缝间隙（2mm），使间隙上下一致，紧固夹紧座。

（3）安装其他玻璃　按相同的方法安装非直线段玻璃、上弯段玻璃、下端头玻璃和上端头玻璃。

（4）护壁板安装注意事项

1）在安装弯段玻璃时，其上面的"CCC"标志应该面向梯级一侧。

2）安装过程中玻璃衬垫应均匀地放置在玻璃托架中，然后将玻璃放置其中。

3）应该控制两块相邻玻璃的间隙（2mm），且玻璃应竖直，垂直度要求控制在 2mm 范围内。

4）调整玻璃或不锈钢夹心护壁板垂直度时，禁止采用会使玻璃托架与导轨工作面的距离发生变化的方法。

5）在确认位置正确后，拧紧夹紧座上的螺栓。

6）有下端端头玻璃和上端头玻璃时，应分别在安装好下弯段玻璃和上弯段玻璃后再安装。

7）安装不锈钢夹心护壁板时，安装方法与要求同玻璃护壁板，应取消相邻护壁板的间隙。

8）安装完毕检测左、右护壁板的中心间距，误差应小于 2mm。

9）撕除不锈钢表面保护膜并擦拭干净。

2. 扶手导轨的安装

在玻璃护壁的端面粘贴防护玻璃的双面胶带（GW0817），如图 3-8 所示。

从上弯段玻璃前侧的底部开始粘贴双面胶带，一直粘贴到下弯段玻璃前侧的底部。将胶带弯折粘贴在玻璃的两侧。保留双面胶带另一表面的保护膜。

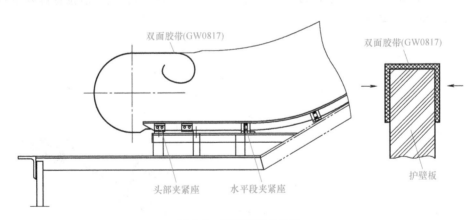

图 3-8　双面胶带的粘贴

（1）预安装扶手导轨　如图 3-9 所示，将各段导轨按如下顺序安装在玻璃护壁板上：下端头部扶手导轨、下弯段扶手导轨、上端头部扶手导轨、上弯段扶手导轨、直线段扶手导轨。

将下端头部扶手导轨卡在玻璃的双面胶带上，水平部分与玻璃平行，如图 3-10 所示。

把下端头部扶手导轨紧贴在玻璃的双面胶带上，可用橡皮锤调整到正确位置。用螺栓、螺母将下端头部扶手导轨固定件固定在一起，如图 3-11 所示。可按同样的方法安装上端头部扶手导轨。

（2）下弯段扶手导轨　垂直地将下弯段扶手导轨卡在玻璃的双面胶带上，应注意的是，下弯段扶手导轨与下端头部扶手导轨的接头应平整，可用橡皮锤调整其到正确位置。用连接件将

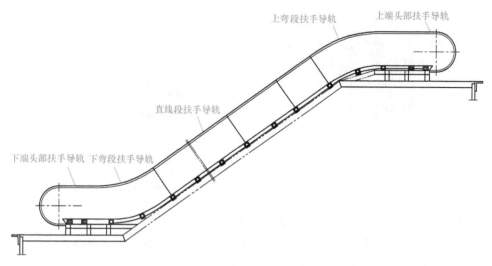

图 3-9 扶手导轨的安装

下弯段扶手导轨与下端头部扶手导轨平整地对接,如图 3-11 所示。并按同样的方法安装上弯段扶手导轨。

(3)直线段扶手导轨 垂直地将直线段扶手导轨卡在玻璃的双面胶带上,可用橡皮锤调整其到正确位置。将直线段扶手导轨按图 3-12 所示的方法与上、下弯段扶手导轨平整地对接。

(4)最终检查 用美工刀去除双面胶带外露多余部分。检查接头处,应平直对齐,没有毛刺。

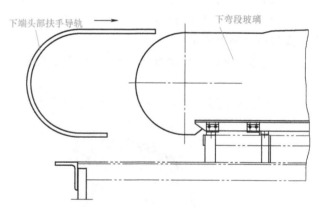

图 3-10 下端头部扶手导轨的安装

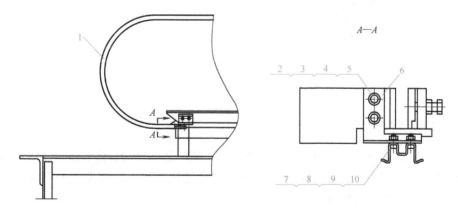

图 3-11 头部扶手导轨的固定

1—头部扶手导轨 2—M8 螺母 3、7—弹簧垫圈 4、8—平垫圈 5—M8×30 螺栓

6—头部扶手导轨固定件 9—M6×16 螺栓 10—M6 螺母

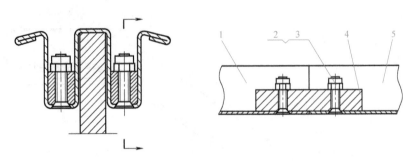

图 3-12 扶手导轨拼缝的对接

1—下端头部扶手导轨 2—M4×20 十字槽沉头螺钉 3—M4 锁紧螺母 4—扶手导轨连接件 5—下弯段扶手导轨

（5）注意事项 安装扶手导轨时的注意事项如下：

1）扶手导轨安装后拼缝间隙应小于 0.5mm，台阶高度差应小于 0.3mm。

2）双面胶带不应有皱折。

3）四个头部扶手导轨完全相同，其余各段的扶手导轨左右两侧相同。

4）头部扶手导轨内的换向轮在工厂已预装，如图 3-13 所示，在安装头部扶手导轨前，需检查换向轮是否松动。

5）用橡皮锤调整头部扶手导轨至正确位置时，只能敲击导轨型材，绝不允许敲击换向轮。

6）护壁板采用不锈钢包夹心板时，扶手导轨的安装方法和要求与玻璃护壁板相同。

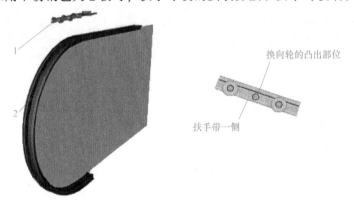

图 3-13 换向轮的检查

1—换向轮 2—头部扶手导轨

三、扶手带的安装与调试

由于运输或空间狭窄等原因扶手部分往往未安装好就将自动扶梯直接运往建筑物内，需要在现场进行扶手带的安装。图 3-14 所示是一种全透明无支承的扶手装置，现按此结构介绍扶手装置的拆卸和安装步骤：

将已经装好钢化玻璃的自动扶梯扶手装置在支承型材上标记，将扶手带从扶手导轨脱出放在梯级上。松开固定螺钉，拆下扶手导轨。在拆下转向壁弧段的连接型材后，即可拆卸扶手支承型材，有照明设备也应卸下，接着拆下内、外盖板及栏杆等相关部件，在拆卸时应保

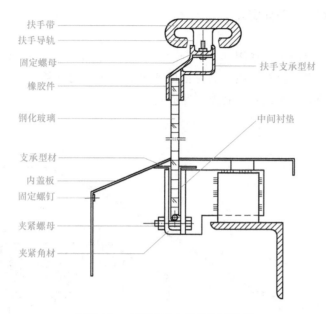

图 3-14 全透明无支承的扶手装置

护好易损件。安装时将钢化玻璃慢慢地插入支承型材,对准拆卸时标注在支承型材上的记号,预紧螺母,并在相邻两块玻璃之间装入玻璃衬垫,其间距不大于 4mm。待全部玻璃板插入支承型材后,紧固夹紧螺母。组装扶手导轨,将扶手带自上而下装入导轨内。装好后进行试运行,并检查扶手带的运转和张紧情况。

四、内、外盖板及扶手带入口保护装置的安装

1. 安装内盖板

将内盖板插入夹紧条中,如图 3-15 所示。安装顺序依次是下弯段内盖板、直线段内盖板、上弯段内盖板。

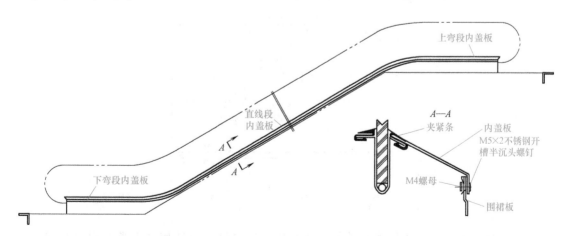

图 3-15 内盖板的安装

直线段内盖板安装时根据内盖板上所贴的标签号码由下而上依次安装。用橡皮锤轻轻敲打内盖板使其吻合到位，并固定好。

2. 安装外盖板

将外盖板插入夹紧条中，如图 3-16 所示。安装顺序依次是下弯段外盖板、直线段外盖板、上弯段外盖板。直线段外盖板安装时根据外盖板上所贴的标签号码由下而上依次安装。用橡皮锤轻轻敲打外盖板使其吻合到位，并固定好。

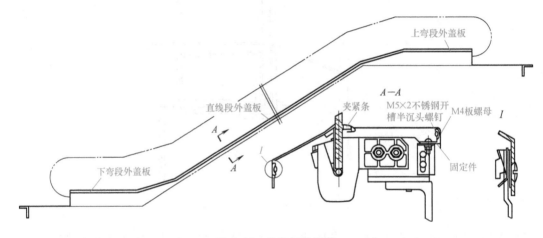

图 3-16　外盖板的安装

3. 安装扶手带入口保护装置

1）将扶手导向件与连接件组装好，套在扶手带上，再与弹性连接件固定好，如图 3-17 所示。

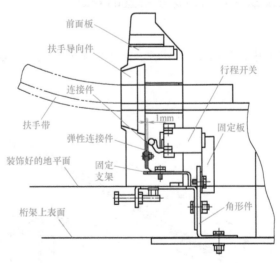

图 3-17　扶手带入口保护装置的安装

2）调整扶手导向件并检测其功能，调整扶手导向件的位置使扶手带四周的间隙达到图 3-18 的要求。

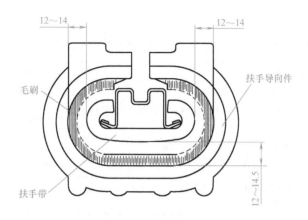

图 3-18　扶手带与扶手导向件间隙的调整（单位：mm）

3）调整行程开关的位置，使扶手带入口保护行程开关的触头与毛刷连接件的间隙为 1mm。

4）将前面板套入扶手带和内、外盖板，并检查前面板与扶手导向件的配合，可通过调节固定支架的高低来调节前面板的高低，如图 3-17 所示，最后将前面板与内、外盖板用螺钉拧紧。

5）安装扶手带的注意事项如下：

① 安装内、外盖板前应先确认所有玻璃夹紧条的接缝间隙小于 0.5mm。

② 安装内、外盖板时应注意调节修整盖板之间的接缝和台阶，接缝高度差和间隙均应小于 0.3mm。

③ 撕除不锈钢表面保护膜并擦拭干净。

④ 安装前面板时需确认玻璃夹紧条插入前面板超过 10mm。

五、电气部分的安装与调试

自动扶梯电气部分根据不同品牌的梯型设计需结合电气调试说明书进行调试，具体内容可见产品的《电气调试说明书》。电气照明装置与电源插座的电源应和主机电源分开，并由单独的供电电缆或由接在自动扶梯电源总开关之前的分支电缆供电。

 任务实施

步骤一：实训准备

1）准备实训设备与器材：YL-2170A 型教学用扶梯及其配套工具、器材；自动扶梯与自动人行道安装现场；自动扶梯安装的工具、量具和器材（参见"任务 3.1"的"基础知识"）。

2）对学生进行实训前的安全和相关注意事项的教育（详见"任务 3.1"的"相关链接"）。

3）给学生讲解实训内容与要求。

步骤二：数据检测

在 YL-2170A 型教学用扶梯上测量护壁板、扶手带和盖板等相关数据，记录于自动扶梯安装数据检测记录表（表3-2）中。

表3-2 自动扶梯安装数据检测记录表

序号	检查项目	检测方法	检测结果	结论
1	两块相邻玻璃的间隙(2mm)	斜塞尺		
2	左、右护壁板的中心间距，误差小于2mm	卷尺		
3	扶手导轨安装后拼缝间隙应小于0.5mm，台阶高度差应小于0.3mm	斜塞尺		
4	扶手带开口与扶手带四周的间隙为12~14mm	直尺		
5	扶手带入口保护行程开关的触头与毛刷连接件的间隙为1mm	塞尺		
6	安装内、外盖板时注意调节修整盖板之间的接缝和台阶，接缝高度差和间隙均应小于0.3mm	直尺、塞尺		

步骤三：讨论和总结

学生分组讨论：

1）学习检测护壁板、扶手带和盖板等相关数据的要领与体会。

2）可相互讲述操作方法，再交换角色，重复进行。

步骤四：自动扶梯（自动人行道）安装观摩（选做内容）

1）有条件的情况下可组织学生到自动扶梯或自动人行道的安装现场进行观摩，最好能够观摩从桁架的吊装，护壁板与扶手导轨的安装，扶手带安装与调试，内、外盖板及扶手带入口保护装置的安装以及扶梯电气部分安装与调试的全过程，并由安装现场技术人员给予讲解。

2）将观摩情况记录于扶梯安装学习记录表（表3-3）中。

表3-3 扶梯安装学习记录表

序号	安装内容	相关记录	备注
1	桁架的吊装		
2	护壁板与扶手导轨的安装		
3	扶手带的安装与调试		
4	内、外盖板及扶手带入口保护装置的安装		
5	电气部分的安装与调试		
	其他记录		

注：到安装现场观摩前，指导教师应先到安装现场"踩点"，了解周边环境，交通路线等，事先做好预案，并对学生进行学习前的安全和有关注意事项的教育（要求同"任务3.1"）。

🔑 相关链接

扶手带出入口安全装置、前壁板和内外盖板的安装

1）将扶手带出入口安全装置安装到脚踏板支架上，与前壁板一起装配，如图3-19a所示。

2）前壁板的装配如图3-19b所示。按照前壁板上的孔在出入口保护装置上配作两个M3螺钉孔，用M3螺钉将前壁板固定在出入口保护装置上。

3）前壁板装配完成后，进行端头内外盖板的安装。端头内外盖板位置确定后，按照端头内盖板上的孔在围裙板上配作 M3 螺钉孔，用 M3 螺钉将端头内盖板固定在围裙板上；端头外盖板按图 3-19 所示的方式固定。

4）按照前壁板上的孔在端头内外盖板的角形件上配作两个 M3 螺钉孔，用 M3 螺钉将前壁板固定在端头内外盖板上。

5）上述工作做好后，进行上、下 R 内外盖板的安装，而后进行标准段内外盖板的安装。若没设标准段内外盖板，则进行非标段内外盖板的安装，它们的固定方式与端头内外盖板相同。

6）注意事项：内外盖板接缝处应去毛刺并修整，装配后接缝处间隙不超过 0.3mm，台阶不超过 0.3mm。

盖板安装位置如图 3-19 所示。

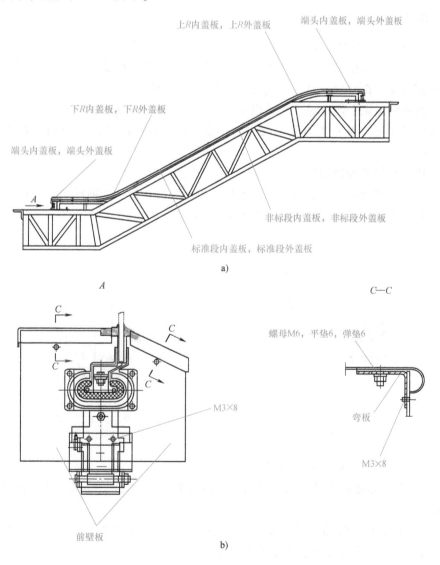

图 3-19　盖板安装位置

任务 3.3 自动扶梯的试运行

任务目标

应知

理解自动扶梯试运行前的各项工作内容。

应会

能够结合运行的要求进行运行前检测的各项作业。

基础知识

一、整机调试

1) 在调试前，需拆除一级连续的梯级和楼层板。

2) 做好现场的保护工作，用维修保养防护栏或其他防护用具围起来，并设置警示牌。

3) 在部分梯级拆去后，只能用检修控制系统进行检修运行。

4) 运行的梯级完全停止后，才能用钥匙开关和检修按钮改变运行方向。

5) 复原楼层板时需确认面板花纹方向一致，且每段楼层板的拼接间隙和高度差应在 0.5mm 以内。

6) 对机械部件的检查和润滑。

7) 检查驱动主轴与驱动机组间传动链条的张紧度（一般出厂前已调整好）。

8) 梯级传送链张紧装置的调整，如图 3-20 所示。

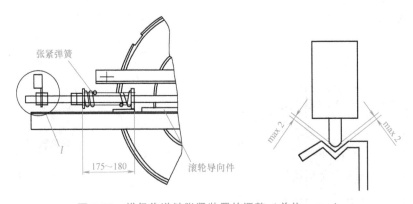

图 3-20 梯级传送链张紧装置的调整（单位：mm）

9) 润滑梯级链时，应把润滑油注入链节之间。

10) 检查扶手装置传动链条的张紧度，可通过如图 3-21 所示的调节螺栓调整扶手传动链条的张紧力。

11) 梳齿板受到 980N 的水平力时，梳齿板安全开关应能动作。

12) 检查梯级和梳齿的啮合中心是否吻合。

13) 围裙板与梯级的单侧水平间隙为 2~4mm，两侧间隙之和不大于 7mm。

图 3-21　扶手装置传动链条张紧力的调整

14）围裙板下 C 型材底面应清洁和润滑，该处用于防止梯级主轮跳起。

15）擦拭扶手带的表面，待扶手带表面干燥后再运行。

16）扶手带内侧面禁止使用滑石粉、润滑油等减少摩擦力的材料。

17）在下机房处检查梯级轴套与梯级轴的润滑状况。

二、整机试运行

进行整机运行性能试验，性能试验应符合下列规定：

1）在额定频率和额定电压下，梯级沿运行方向空载时的速度与名义速度之间的允许偏差为 ±5%。

2）扶手带的运行速度相对梯级速度的允许偏差为 0~+2%。

3）自动扶梯应进行空载制动试验，制停距离应符合表 1-4 的规定（注：若速度在上述数值之间，则制停距离用插入法计算。制停距离应从电气制动装置动作开始测量）。

4）自动扶梯应进行载有制动载荷的制停距离试验（除非制停距离可以通过其他方法检验），制动载荷应符合表 1-3 规定，制停距离应符合表 1-4 的规定。

 任务实施

步骤一：实训准备

1）准备实训设备与器材：自动扶梯与自动人行道安装现场；自动扶梯安装的工具、量具和器材（参见"任务 3.1"的"基础知识"）。

2）对学生进行实训前的安全和相关注意事项的教育（详见"任务 3.1"的"相关链接"）。

3）给学生讲解实训内容与要求。

步骤二：自动扶梯检测与试运行作业步骤

结合自动扶梯实际安装情况进行检测与试运行作业，并将检测结果记录于自动扶梯检测与试运行情况记录表（表 3-4）中。

表 3-4　自动扶梯检测与试运行情况记录表

序号	试验项目	技术要求							试验方法	检验结果	结论
1	整机结构尺寸与外观	提升高度：							用卷尺检查		
		扶梯跨度：							用卷尺检查		
		梯级宽度：							用卷尺检查		
		地板宽度：							用卷尺检查		
		护栏高度：							用卷尺检查		
		护栏宽度：							用卷尺检查		
		不锈钢护栏结构							目测		
		铝梯级、原铝地板							目测		
2	各部位的控制间隙	梯级与围裙板间隙，单边≤4mm，两边之和≤7mm					总和		用孔尺检查		
		上平层	左侧			右侧					
		倾斜段	左侧			右侧					
		下平层	左侧			右侧					
		梯级与梳齿间隙≤4mm							用专用检规检查		
		位置	第1点		第2点		第3点				
		上平层									
		下平层									
		扶手带与扶手导轨间隙两边之和≤8mm							用孔尺检查		
		位置	左侧左边	左侧右边	左侧总和	右侧左边	右侧右边	右侧总和			
		上平层									
		倾斜段									
		下平层									
		入口箱与扶手带间隙≤4mm							用孔尺检查		
		上左	上右		下左		下右				
		两梯级间的间隙≤6mm							用孔尺检查		
		上平层			下平层						
3	运行速度	0.5m/s							用速度计检查平层梯级的运行速度（要求测试3次）	1次	
										2次	
										3次	
4	扶手带速度	扶手带的运行速度相对梯级的速度的允许偏差为0~+2%							1）用速度计测量扶手带速度	1次	
									2）用速度计测量梯级速度	2次	
									3）比较两速度的允许偏差（要求测试3次）	3次	

注：到安装现场学习前指导教师应先到安装现场"踩点"，了解周边环境、交通路线等，事先做好预案，并对学生进行学习前的安全和有关注意事项的教育（要求同"任务3.1"）。

步骤三：讨论和总结

学生分组讨论：

1）学生分两组，一组结合所测量情况填写表格，另一组进行安全观察，查找检测时遇到的问题。

2）交换角色，重复进行。

🔑 相关链接

自动扶梯安全装置的检查

1）前踏板安全装置的检查如图 3-22 所示。沿图中箭头所示的方向施加 400N 力时，前踏板应能灵活移动并触动开关。如果达不到上述要求，则应对踏板进行调整，直到符合要求为止。

2）对其他安全开关的工作情况进行检查。

3）安全装置检查时应注意：当扶梯停止时，若附加制动器制动块与主驱动轴上的挡块在卡住位置时，扶梯不能向下运行，则需用钥匙开关使扶梯向上运行，当制动块与挡块脱开后，方可向下运行。

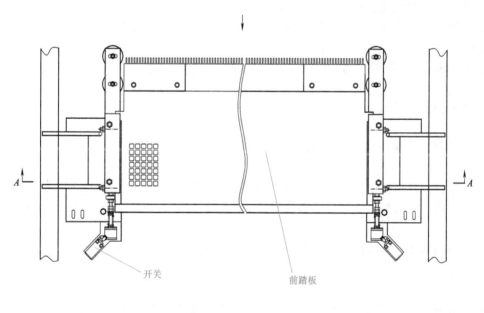

开关　　　　　　　　　　前踏板

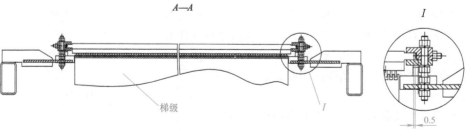

图 3-22　前踏板安全装置的检查（单位：mm）

 项目总结

本项目介绍了自动扶梯安装与调试的准备工作、安装、检查与试运行的基本知识和内容。

1）部分自动扶梯在出厂时已完成安装，因此对扶梯安装的施工现场要求较高，需要在作业前对安装现场进行全面的勘查，确保安装作业安全可靠。

2）自动扶梯在安装前，应先了解本项目的工程状况，项目负责人应先熟读安装说明书并对照土建图样。制定好安装方案和项目的技术交底工作。

3）自动扶梯的检查与试运行是对安装工作的总体检验，能查找出安装作业的不足，在检查与试运行过程中发现的问题，应及时协调改进，确保按时按质完成安装任务。

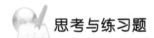 思考与练习题

3-1　填空题

1. 在工厂内装配完成的自动扶梯可以_____或是_____运往现场安装。

2. 在安装自动扶梯之前必须熟悉有关文件，包括自动扶梯的安装_____、自动扶梯的_____等。

3. 自动扶梯主要的技术资料至少应包括：_____、_____、_____和_____等。

4. 水平投影长度是自动扶梯_____，一般允许误差在_____。

5. 复核自动扶梯土建尺寸要进行多次，包括_____、_____和_____等。

6. 安装内、外盖板前应先确认所有玻璃夹紧条的接缝间隙小于_____。

7. 安装内、外盖板时应注意调节修整盖板之间的接缝和台阶，接缝高度差和间隙均应小于_____。

8. 安装前面板时需确认玻璃夹紧条插入塑料前面板超过_____。

3-2　选择题

1. 在安装提升高度较高的自动扶梯时，应设置安全绳和使用（　　　）。
A. 安全带　　　　　B. 皮手套　　　　　C. 护目镜　　　　　D. 口罩

2. 在安装自动扶梯的内盖板、外盖板和围裙板等作业中，一定要戴（　　　）。
A. 眼镜　　　　　B. 安全带　　　　　C. 帽子　　　　　D. 手套

3. 提升高度偏差一般允许控制在±（　　　）mm内。
A. 5　　　　　B. 10　　　　　C. 15　　　　　D. 20

4. 电气照明装置与电源插座的电源应和主机电源（　　　）。
A. 在一起　　　　　　　　　　B. 分开
C. 不确定　　　　　　　　　　D. 可随意

5. 在调试前，需拆除（　　）级连续的梯级和楼层板。

A. 1 　　　　　　　B. 2 　　　　　　　C. 3 　　　　　　　D. 4

6. 在额定频率和额定电压下，梯级沿运行方向空载时的速度与名义速度之间的允许偏差为 ±（　　）%。

A. 2 　　　　　　　B. 5 　　　　　　　C. 7.5 　　　　　　D. 10

7. 扶手带的运行速度相对梯级实际速度的允许偏差为（　　）%。

A. 0 ~ +2 　　　　B. 0 ~ ±2 　　　　C. 0 ~ +5 　　　　D. 0 ~ ±5

8. 自动扶梯和自动人行道安装完工后，必须检测向（　　）运行的制停距离。

A. 上 　　　　　　B. 下 　　　　　　C. 前 　　　　　　D. 后

9. 自动扶梯内盖板接缝处的凸台不应大于（　　）mm。

A. 0.1 　　　　　　B. 0.2 　　　　　　C. 0.5 　　　　　　D. 1.0

10. 自动扶梯围裙板与楼级间的间隙应（　　）mm。

A. >2 　　　　　　B. >4 　　　　　　C. ≤4 　　　　　　D. ≤7

3-3　判断题

1. 自动扶梯安装过程中使用到的安装器具，在使用前不需检查。（　　）
2. 自动扶梯在安装作业时，安装部位及四周应无杂物、积水。（　　）
3. 自动扶梯安装前的技术准备应保证技术资料及图样齐全，且应编制施工方案。（　　）
4. 对持有作业证书的操作人员不需进行现场技术、安全交底。（　　）
5. 扶手带内侧面禁止使用滑石粉、润滑油等减少摩擦力的材料。（　　）
6. 严禁使用柴油、汽油清洁梯级链、主轮和辅轮；严禁使用汽油清洗减速机。（　　）
7. 油脂或酒精等化学品可以接触扶手带。（　　）
8. 在安装自动扶梯时，可以利用自动扶梯作为输送机运送安装器械和器材。（　　）

3-4　综合题

1. 试述自动扶梯安装前的准备工作内容。
2. 试述自动扶梯安装的工作内容与要求。
3. 试述检查与试运行工作的步骤与要点。

3-5　学习记录与分析

1. 小结自动扶梯安装的特点、收获与体会。
2. 分析表 3-1 中记录的内容，小结自动扶梯安装前工作的步骤与内容。
3. 分析表 3-2 中记录的内容，小结自动扶梯安装数据检测的步骤与内容。
4. 分析表 3-3 中记录的内容，小结自动扶梯安装学习的主要收获与体会。
5. 分析表 3-4 中记录的内容，小结自动扶梯的检测与试运行的步骤与内容。

3-6　试叙述对本项目与实训操作的认识、收获与体会

项目4 自动扶梯的故障维修

任务4.1 自动扶梯机械系统故障的维修

任务目标

应知

理解自动扶梯机械系统的组成、构造和基本工作原理。

应会

1. 熟悉自动扶梯机械系统各部件的安装位置和动作过程。

2. 了解自动扶梯机械故障的类型，学会自动扶梯常见机械故障的诊断与排除方法。

 基础知识

自动扶梯机械系统的检查、维修与调整

1. 驱动系统的检查与调整

自动扶梯的驱动系统由曳引机、电气控制箱、扶手驱动和梯级曳引链条等部件组成（图1-19），检查驱动系统时需卸下上部前沿板，为维修方便可将电气控制箱卸下螺栓提出机房。

（1）传动链条张紧力的检查与调整　检查传动链条的张紧力。若要调节曳引机输出轴双排链条的张紧，则可先松开曳引机的底座螺栓，调节螺栓将曳引机向后顶出，双排链条调整张紧力不宜过松或过紧，双排链条下垂量的参考值在10~14mm之间，按使用说明书的要求调整断链保护开关。通过调整扶梯主轴侧板上的调整螺栓可调节扶手转轴的链条张力，链条上下摆动距离的参考值在19~36mm之间，此时需拆下三个梯级与链条罩。在调整链条张力的同时应检查链条与链轮的平行度。

（2）驱动装置的检查与调整　驱动装置由电动机、减速机、联轴器、制动器、驱动链条及驱动轮等部件组成。制动器动作时制动轮与制动闸瓦的间隙不应大于0.7mm，且制动器开关监测有效，制动器未松闸时电动机不应起动，传动系统的制动器应有足够的制动力矩，名义速度为0.5m/s的自动扶梯空载、负载上下运行的制停距离调整为0.2~1.0m。

2. 梯级的检查与调整

1）围裙板和梯级之间存在一定的间隙，这个间隙存在动态的变化，由导轨与梯级导向块之间的相对位置大小决定，要保证两侧梯级与围裙板之间的任何一侧间隙不大于4mm，且两侧间隙之和不大于7mm。如果梯级导向块被磨损，则会出现梯级与围裙板之间的摩擦。检查导向块的磨损时，应至少拆下三个导向块测量，导向块的厚度公称尺寸为（7±0.2）mm，如图4-1所示。

2）如果导向块的磨损量达到 1.2mm 的最大值时，则必须更换。梯级导向块可以在下部机房内检查。在梯级的两侧，围裙板与梯级导向块的单侧间隙应不大于 0.4mm。

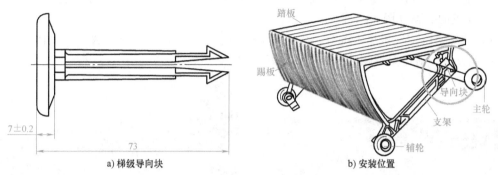

图 4-1　梯级导向块及其安装位置（单位：mm）

3）梳齿板中心装置的检查与调整（图 4-2）：

①梳齿板位于扶梯的出入口处，梳齿板由螺钉固定在梳齿板的前端与梯级的齿槽相啮合，并能使每个梯级与梳齿板同时啮合时顺利通过。

②梳齿板的两侧装有导向板，后端装有梳齿板安全开关。当梯级与梳齿板啮合运动有异物卡住时，梳齿板向后移动，切断梳齿安全开关电源，扶梯停止运动。

③检查与调整梳齿板两端与导向板的配合情况，梳齿板两侧的间隙都不应大于 0.4mm。

④检查梳齿板梳齿与踏板面齿槽的啮合深度至少为 4mm。

⑤发现梳齿板有断齿、变形和损坏时应及时更换同规格型号的梳齿板。

⑥梯级在运行时应检查每个梯级是否平稳、梯级与梳齿之间是否啮合、梯级与围裙板之间是否有摩擦等异常现象。

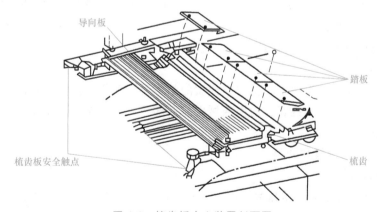

图 4-2　梳齿板中心装置剖面图

3. 梳齿板的调节和操作（图 4-3）

1）在检查梳齿板前，应预先拆除前沿板。当梯级不能顺利通过梳齿，梯级与梳齿产生碰撞、挤压和阻挡时，将使梳齿板向后或向上移动，从而断开梳齿板安全开关，自动扶梯停止运行。

2）日常检查时可以采用如下方法：

①拆去两块梳齿板。

② 观察或者测量梳齿板齿槽与梯级齿槽左右两边是否相等。

③ 手动盘车。

④ 梳齿板通过阻力应能平滑地移动，并能触动梳齿板开关动作。

⑤ 盘车将梯级向后移动，梳齿板应返回其正常位置，此时将开关手动复位。

4. 梯级的拆除（图 4-4）

1）梯级拆除应在机房内进行，将要拆除的梯级点动运行至指定位置，必须由专人操作维修控制开关，对需要拆除的梯级应该做好标记。

图 4-3 梳齿板与保护开关的调节   图 4-4 梯级拆除

2）检修运行，把需要拆除的梯级开到回转站处。

3）松开夹紧环，移出梯级轴衬后，再把梯级从转向壁空隙位置处取出。

5. 梯级塌陷保护装置的调节

由于梯级滚轮破损、梯级轴断裂、梯级部件损坏或者梯级体破损等原因，导致梯级发生下沉、倾斜等现象时，梯级塌陷保护装置（图 1-31）使电气开关动作切断安全回路电源，扶梯停止运行。梯级塌陷保护装置的检测杆垂直高度是可调节的，当梯级正常运行时，梯级的圆弧踢板通过检测杆顶端的垂直高度参考值为 5～10mm。

6. 前沿板的拆除

前沿板在自动扶梯的机房上，由预先成型的整体盖板盖住。盖板面上有防滑面板，为了在安装与维修时易于拆装和搬运，前沿板被做成两部分。在拆除前沿板时，应用专用工具将前沿板提起拆下。

7. 扶手带系统的维修和调整

（1）扶手带驱动系统

1）调节张紧螺杆上的压缩弹簧使扶手带的压带张紧合适，则摩擦轮将会带动扶手带正常运行，此时要用较大的人力才能使扶手带停止运行。

2）每边扶手带的下部还装有扶手带断带保护开关，当扶手带过分伸长或断裂时，碰到断带保护开关的检测杆，保护开关动作，扶梯停止运行。

3）扶手带上下部出入口处，还装有扶手带出入口保护开关（图 4-5），当出入口处有异物或人的手指进入扶手带出入口时，将触及保护开关使扶梯停止运行。扶手带入口保护开关的活动封板的两边可以摆动，当异物沿 R 方向夹入时，挡块被拖动，脱离支承块后在弹簧的作用下，从支承块上滑下，活动封板张开，同时撞击保护开关，即切断电源，扶梯停止运行。

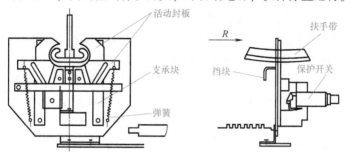

图 4-5   扶手带出入口保护开关

（2）扶手装置

1）扶手装置的护板由无支柱的自支撑钢化玻璃构成。钢化玻璃固定在夹紧件内，扶手带导轨及其支架安装在钢化玻璃上部。

2）扶手装置是在工厂先经预装后安装在桁架上的，按不同的要求，可分为带照明和不带照明两种，钢化玻璃板也可用足够强度的其他材料来代替。

3）钢化玻璃是整个扶手装置的主要支撑件，装在玻璃夹紧件内，并垫上衬垫。

4）扶手带转向端的换向轮应灵活，不得有阻滞，以免影响扶手带的运行并产生摩擦发热等情况；换向轮装在扶手支架的槽内。

5）扶手支架装在玻璃上部，并应填上 U 型玻璃嵌条，扶手支架的接缝应严密、平整且完好。

6）扶手带导轨是扶手带运行的导向件，装在扶手支架上，应检查其安装的直线度，接头处应严密、平整并倒角。

7）检查扶手带相关的运动组件与零件，必须确认其转动灵活且位置正确可靠，才能将扶手带装入导轨与配合部位。调节扶手带的松紧及运行情况，对扶手带的运行速度进行调整。

8）扶手带的运行靠摩擦力驱动，转动件、导向件较多，在扶手带正常运行前必须仔细检查每个环节，使两条扶手带的运行处于正常状态。

（3）围裙板

1）扶梯扶手下部两内侧装有围裙板，一般用不锈钢制作，任何一侧与梯级之间的水平间隙都不应大于 4mm，在两侧对称位置处测得的间隙总和不应大于 7mm。

2）围裙板安全保护装置如图 1-34 所示。

（4）内、外盖板

1）扶手带安装调试正常运行后才能装上盖板，并且应先将内盖板装好，再将外盖板装上。

2）将内盖板向上部机房方向移动约 300mm 方可取下内盖板，重新装配时按相反方向装上即可。

8. 自动扶梯维修后机械部分的调试

1）自动扶梯维修完毕后应清理现场并做好扶梯内、外部的清洁。当各项安全保护装置处于正常工作状态下，转动部位如曳引机、驱动系统、传动系统、梯级导轨、链条等有足够的润滑时才可使扶梯运行。将梯级上、下整个行程运行一周，再检查是否有异常情况，方可连续运行。

2）所有的梯级应能顺利通过梳齿板，间隙要求符合规定。

3）所有梯级与围裙板不得发生摩擦现象，间隙要求符合规定。

4）相邻两梯级之间的整个啮合过程无摩擦现象。

5）检查自动扶梯梯级运行速度与扶手带运行速度的偏差是否符合要求：

① 测量自动扶梯上行或下行的一段运行距离及对应的运行时间，由此可计算出自动扶梯梯级的运行速度。例如：测出运行距离为 10m，对应的运行时间为 5s，则运行速度 $v=$ 10m/5s=2m/s。在额定频率和电压下，梯级沿运行方向空载时的速度和名义速度的最大允许偏差为 ±5%。

② 用相同的方法测量并计算扶手带的运行速度（上、下行方向各测一次）。相对梯级的运行速度，扶手带运行速度的允许偏差为 0～+2%，超出偏差值可调节扶手带的运行速度。

6）检查制停距离

① 自动扶梯在空载和有载向下运行时的制停距离应在表 1-4 所列的范围之内。

② 制停距离的测量应以电气制动装置动作时开始测量，制停距离的偏差可调节曳引机的制动器主压簧来实现。

7）自动扶梯的各运行均应正常，无碰擦与异常的声响。空载运行时，在梯级及前沿板上方 1.0m 处测得的运行噪声应不超过 65dB。

 任务实施

实训任务 4.1.1　梯级的拆装

 二维码资源

步骤一：实训准备

1）准备实训设备与器材：

① YL-2170A 型教学用扶梯及其配套工具、器材。

② 自动扶梯维修保养通用的工具器材可参见表 B-3。

2）指导教师对学生进行分组，并进行安全与规范操作的教育。

3）检查学生穿戴的安全防护用品（包括工作服、安全帽和安全鞋）。

4）设置安全防护栏及安全警示标志，如图 4-6 所示。

拆装自动扶
梯梯级

图 4-6　放置安全防护栏

步骤二：拆装梯级

1）拆卸上机房盖板，如图 4-7 所示。

图 4-7　拆卸上机房盖板

2）两名学生合力拆离盖板，并摆放在指定的位置，如图 4-8 所示。

图 4-8　拆离盖板

3）按下急停按钮，关闭总电源，如图 4-9 所示。

a）按下急停按钮　　　　　　　　　b）关闭总电源

图 4-9　关闭电源

4）将电气控制箱提出上机房，剥离盘车开关，安装盘车手轮，如图4-10所示。

a）取出电气控制箱　　　　b）剥离盘车开关　　　　c）安装盘车手轮

图4-10　盘车前的准备工作

5）拆卸下机房盖板，按下下机房急停按钮，如图4-11所示。

a）拆卸下机房盖板　　　　b）按下下机房急停按钮

图4-11　下机房操作

6）在盘车前先观察，确定扶梯上没有乘客和工具；然后一人盘车，一人确认梯级移动的位置，如图4-12所示。

7）盘车使梯级移动到回转站导轨凹口位，如图4-13所示。

8）拆卸梯级前测量梯级左、右两边与支架之间的距离，以便安装恢复原来位置，如图4-14所示。

9）将夹紧环拧松，如图4-15所示。

10）撬出轴衬，如图4-16所示。

11）拆卸梯级，在梯级固定轴上涂抹钙基润滑脂，如图4-17所示。

a) 盘车前先观察　　　　　　　　　　　b) 盘车

图 4-12　盘车操作

图 4-13　拆卸梯级位置

a) 测量梯级左边与支架的距离　　　　　b) 测量梯级右边与支架的距离

图 4-14　梯级位置测量

图 4-15 拧松夹紧环   图 4-16 撬出轴衬

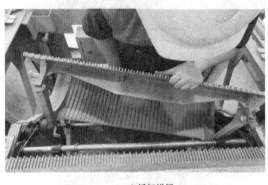

a) 拆卸梯级   b) 涂钙基润滑脂

图 4-17 梯级拆卸

12）梯级检查完成后，将梯级安装扣紧，如图 4-18 所示。

13）推进轴衬环并拧紧夹紧环，如图 4-19 所示。

图 4-18 安装梯级   图 4-19 推进轴衬环并拧紧夹紧环

14）测量并调整梯级与支架两端的距离，如图 4-20 所示。

15）将夹紧环拧紧（可参照图 4-15），将所拆梯级盘至梳齿，用斜塞尺检测左、右两边梯级是否居中，如图 4-21 所示。

图 4-20　测量与调整

a) 检测梯级是否居中(左)

b) 检测梯级是否居中(右)

图 4-21　梯级检测

16）检修点动运行，检查是否有摩擦、碰撞等异响，如图 4-22 所示。

图 4-22　检修运行

步骤三：讨论和总结

学生分组讨论：

1）将拆装梯级的步骤记录于梯级拆装记录表（表 4-1）中。

表 4-1 梯级拆装记录表

序号	步骤	相关记录（如操作要领）
1		
2		
3		
4		
5		
6		
7		
8		
9		
10		

2）分组讨论学习拆装梯级的心得体会（可相互讲述操作方法，再交换角色，重复进行）。

 相关链接

梯级拆装的教学反思

梯级是自动扶梯用于承载乘客的运动部件，扶梯长期运行会导致各部件发生移位、松动和磨损，梯级轮上的橡胶、塑料或压制织物会出现老化、磨损、变形、爆裂、脱落和轴承损坏等状况。因此在维修和日常维护保养时经常需要拆卸梯级，维保人员才能进入扶梯桁架内进行维护。所以拆装梯级是自动扶梯维修保养的一个最基础也是最常用的操作，一定要熟练掌握其操作要领。

实训任务 4.1.2 梯级轮的检查与更换

▶ 二维码资源

更换自动
扶梯梯级轮

步骤一：实训准备

1）准备实训设备与器材：

① YL-2170A 型教学用扶梯（及其配套工具、器材）。

② 自动扶梯维修保养通用的工具器材可参见表 B-3。

2）指导教师对学生进行分组，并进行安全与规范操作的教育。

3）检查学生穿戴的安全防护用品（包括工作服、安全帽和安全鞋）。

4）设置安全防护栏及安全警示标志，如图 4-6 所示。

步骤二：梯级轮的检查与更换

1）拆卸上机房盖板，如图 4-7 所示。

2）两名学生合力拆离盖板，并摆放在指定的位置，如图 4-8 所示。

3）按下急停按钮，关闭总电源，如图 4-9 所示。

4）拆卸下机房盖板，按下下机房急停按钮，如图 4-11 所示。

5）上机房接入检修控制盒。

6）两人确认安全互相呼应，一人在上机房站送电，另一人手持检修控制盒，点动运行，分段观察梯级轮是否损坏，如图 4-23 所示。

图 4-23 检查梯级轮

7）发现右边有个梯级在运行时有异常跳动现象，经检查发现是梯级轮损坏。按下急停按钮，关闭电源，进入下机房进行确认和更换。

8）拆卸梯级的步骤按照"实训任务 4.1.1"进行。

9）使用内六角梅花螺钉旋具拆卸梯级轮，如图 4-24 所示。

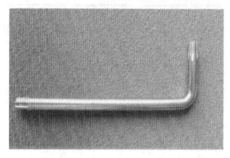 

图 4-24 拆卸梯级轮

10）换上新的梯级轮并拧紧螺钉，用手转动梯级轮，检查轮子转动是否顺畅无异响，如图 4-25 所示。

图 4-25 安装梯级轮

11）安装梯级的步骤按照"实训任务 4.1.1"进行。

步骤三：讨论和总结

学生分组讨论：

1）将检查与更换梯级轮的步骤记录于检查与更换梯级轮记录表（表 4-2）中。

表 4-2　检查与更换梯级轮记录表

序号	步骤	相关记录(如操作要领)
1		
2		
3		
4		
5		
6		
7		
8		
9		
10		

2）分组讨论学习梯级轮检查与更换的心得体会（可相互讲述操作方法，再交换角色，重复进行）。

相关链接

梯级轮的结构及其更换标准

1. 梯级轮的结构

梯级轮共有四个，两个铰接在梯级链上的为主轮，两个直接装在梯级支架上的为辅轮。为了减少运行中的噪声，达到平稳运行，轮圈材料一般采用橡胶、塑料和压制织物，轮圈与轴承的压制具有良好结合工艺保证，轮圈表面具有一定的硬度，如图 4-26 所示。

2. 梯级轮的更换标准

梯级轮直接安装在自动扶梯梯级上，当梯级轮上的橡胶、塑料或压制织物出现老化、磨损、变形、爆裂、脱落或轴承损坏等状况时（图 4-27），均需要更换梯级轮。

a) 主轮

b) 辅轮

图 4-26　梯级轮

图 4-27　损坏的梯级轮

实训任务 4.1.3　梯级链的检查与更换

步骤一：实训准备

1）准备实训设备与器材：

① YL-2170A 型教学用扶梯及其配套工具、器材。

② 自动扶梯维修保养通用的工具器材可参见表 B-3。

2）指导教师对学生进行分组，并进行安全与规范操作的教育。

3）检查学生穿戴的安全防护用品（包括工作服、安全帽和安全鞋）。

4）设置安全防护栏及安全警示标志，如图 4-6 所示。

步骤二：梯级链的检查与更换

1）自动扶梯运行过程中（上下机房回转站）响声较大时，有可能是梯级链松弛；当梯级链伸长到使保护开关动作时，说明梯级链的伸长超出了安全范围。

2）张紧度的调整可以通过调整张紧弹簧的压缩量来控制。自动扶梯工作一段时间后需要根据实际情况进行检查调整。

3）梯级链不可单条更换，需要将两边整条链条同时更换。

4）在现场铺上施工地毯，以防油污污染地面。

5）拆卸全部的梯级放置在指定安全位置，如图 4-28 所示。拆卸梯级的步骤按照"实训任务 4.1.1"进行。

图 4-28　摆放梯级

6）完全松开下部左、右梯级链张紧弹簧，如图 4-29 所示。

图 4-29　完全松开梯级链张紧弹簧

7）找到链条接口并松开，取出梯级链，如图 4-30 所示。

图 4-30　松开梯级链接口

8）先将松掉接头的梯级链的一段拉出，一人用检修控制盒使扶梯下行，其余人把梯级链往外拉。地上需铺上雨布，以防止油污污染地面，如图 4-31 所示。

9）将新链条与旧链条连接，如图 4-32 所示。检修上行方向，使新的梯级链拉回到原来的梯路上对接好。试运行几圈后，若无异响，则可以组装梯级。

10）将拉出来的梯级链另一处接头去掉，将梯级链与连接杆固定处的 R 形开口销取出，将连接杆与两根梯级链的固定拆除，如图 4-33 所示。

图 4-31　拉出梯级链

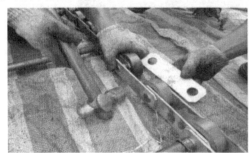

图 4-32　新链条与旧链条连接

图 4-33　拆除连接杆与两根梯级链的固定

11）将拆卸下的旧链条盘好，放到一旁，如图 4-34 所示。

图 4-34　盘好链条

12）全部的梯级链更换完成后，试运行过程无异响，调整梯级链张紧弹簧。

13）梯级安装的步骤按照"实训任务 4.1.1"进行。

步骤三：讨论和总结

学生分组讨论：

1）将梯级链检查与更换的步骤记录于梯级链检查与更换记录表（表 4-3）中。

表 4-3　梯级链检查与更换记录表

序号	步骤	相关记录（如操作要领）
1		
2		
3		
4		
5		
6		
7		
8		
9		

2）分组讨论学习梯级链的检查与更换的心得体会（可相互讲述操作方法，再交换角色，重复进行）。

实训任务 4.1.4　梯级链张紧装置的调整

 二维码资源

步骤一：实训准备

1）准备实训设备与器材：

① YL-2170A 型教学用扶梯及其配套工具、器材。

② 自动扶梯维修保养通用的工具器材可参见表 B-3。

2）指导教师对学生进行分组，并进行安全与规范操作的教育。

调整梯级链
张紧装置

3）检查学生穿戴的安全防护用品（包括工作服、安全帽和安全鞋）。

4）设置安全防护栏及安全警示标志，如图4-6所示。

步骤二：梯级链张紧装置的调整

1）拆卸上机房盖板，如图4-7所示。

2）两名学生合力拆离盖板，并摆放在指定的位置，如图4-8所示。

3）按下急停按钮，关闭总电源，如图4-9所示。

4）拆卸下机房盖板，按下下机房急停按钮，如图4-11所示。

5）下机房接入检修控制盒。

6）在扶梯下端检查、测量两边张紧弹簧的尺寸，如图4-35所示。

7）两边张紧弹簧尺寸之间的误差超过厂家标准时则需要进行调整，如图4-36所示。检查梯级是否成直线进入梳齿，若不是则可稍微压紧或放松其中一边弹簧，直至大部分梯级成直线。

 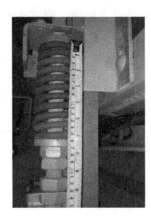 

图4-35　检查、测量张紧弹簧尺寸　　　　　　图4-36　调整张紧弹簧

8）调整梯级链断链开关挡铁与行程开关的位置，如图4-37所示。

9）试运行扶梯，观察其张紧装置动作是否灵活，梯级链断链开关与压块距离是否符合标准。

注意：

学生在操作过程中必须有专人监护，有明确的应答制度，确保所有人在安全位置时才可以用检修速度运行扶梯。

图4-37　调整梯级链断链开关

步骤三：讨论和总结

学生分组讨论：

1）将梯级链张紧装置调整的步骤记录于梯级链张紧装置调整记录表（表 4-4）中。

表 4-4　梯级链张紧装置调整记录表

序号	步骤	相关记录(如操作要领)
1		
2		
3		
4		
5		
6		
7		
8		
9		

2）分组讨论学习梯级链张紧装置调整的心得体会（可相互讲述操作方法，再交换角色，重复进行）。

相关链接

自动扶梯的梯级链张紧装置

一、梯级链张紧装置的结构与原理

1. 梯级链张紧装置的结构

自动扶梯梯级链张紧装置包括回转导轨、压簧、挡铁和行程开关等。弹簧张紧装置的结构形式为张紧装置链轮轴的两端分别安装在滑块内，滑块可在固定的滑槽中滑动，以调节梯级链条的张力，如图 4-38 所示。

2. 梯级链张紧装置的作用

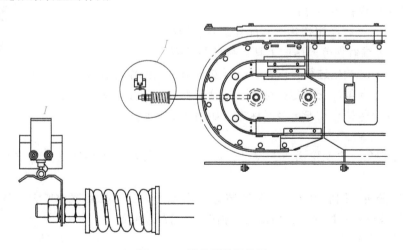

图 4-38　梯级链张紧装置

1）自动扶梯梯级链张紧装置在压缩弹簧的作用下给梯级链一个预张力，使其始终处于被张紧的状态，如图 4-39 所示。

2）补偿梯级链条在使用一段时间后自然伸长的松紧度，从而保证梯级链条有足够的张力使自动扶梯正常运行。

图 4-39　梯级链张紧装置

图 4-40　下机房转向导轨

3）转向导轨起到引导梯级从工作导轨转入返回导轨或从返回导轨转入工作导轨的作用，如图 4-40，图 1-13 所示。

二、梯级链张紧装置调整的原因

由于梯级链在长期使用过程中会发生相对伸长，而使梯级链松弛，造成扶梯运行不平稳、噪声大等运行不正常现象，甚至会使张紧装置上的安全开关动作，使自动扶梯停止。因此必须对曳引链张紧装置及安全开关打板装置的位置进行定期检查或调整，如图 4-41 所示。

实训任务 4.1.5　扶手带的调整与更换

 二维码资源

步骤一：实训准备

图 4-41　安全开关打板装置

1）准备实训设备与器材：

① YL-2170A 型教学用扶梯及其配套工具、器材。

② 自动扶梯维修保养通用的工具器材可参见表 B-3。

2）指导教师对学生进行分组，并进行安全与规范操作的教育。

3）检查学生穿戴的安全防护用品（包括工作服、安全帽和安全鞋）。

4）设置安全防护栏及安全警示标志，如图 4-6 所示。

检查调整扶手
带驱动装置

步骤二：扶手带的调整与更换

（1）故障现象　自动扶梯向上运行，右边的扶手带在进入导轨前向上拱起，右边扶手带表面发热。

（2）故障分析　因右边扶手带张紧装置的张力过大，导致摩擦力增大，从而使扶手带温度升高，经检查有一段扶手带内部已磨损变形，需要更换。

（3）检修过程如下：

1）拆卸上机房盖板，如图 4-7 所示。

2）两名学生合力拆离盖板，并摆放在指定的位置，如图 4-8 所示。

3）按下急停按钮，关闭总电源，如图 4-9 所示。

4）拆卸下机房盖板，按下下机房急停按钮，如图 4-11 所示。

5）下机房接入检修控制盒。

6）拆卸三个梯级。

7）检查扶手带驱动装置，发现扶手带驱动轮与扶手带之间摩擦力过大，如图 4-42 所示。

图 4-42　检查扶手带驱动装置

8）经检查发现右边扶手带内部有一段已磨损变形，需要更换，如图 4-43 所示。

9）确保新的扶手带的规格长度与原扶手带一致。

10）拆卸左边所有的围裙板，如图 4-44 所示。

图 4-43　磨损的扶手带　　　　　　　图 4-44　拆卸左边所有的围裙板

11）调松扶手带下滚轮组、扶手带张紧装置（图 4-45 和图 4-46）。

a) 调松扶手带下滚轮组　　　　　　　b) 调松扶手带驱动压轮

图 4-45　将扶手带与驱动压轮分离

12）将右边上、下两个扶手带入口保护开关拆卸下来，如图 4-47 所示。

图 4-46　调松扶手带张紧装置

图 4-47　拆卸扶手带入口保护开关

13）更换扶手带前一同检查扶手导向轮和滚轮是否需要更换。

14）将扶手带向扶梯内拉出盘成一卷，由四人一同搬运至空置的地方放好，并设置防护栏。

15）使用吸尘器将扶手带导向槽及扶手带内部的粉尘吸干净。

16）将新的扶手带套进扶手导轨上，当用手移动扶手带时，如果感觉很紧，则应先检查安装位置是否在同一水平方向及在垂直方向是否对齐。

17）调整扶手带下滚轮组与扶手带张紧装置，使扶手带有足够的张力。

18）安装扶手带入口保护开关，调整其与扶手带的距离。

19）检查安装位置是否正确，张力是否足够，检修起动扶梯运行无异响自动运行 5min后，检查两边扶手带的速度是否相同。

20）经过 2~3 天的运行测试，由于扶手带的可延长性会导致扶手带变长，应当再次检查扶手带的张紧度是否符合要求。

步骤三：讨论和总结

学生分组讨论：

1）将扶手带调整与更换的步骤记录于扶手带的调整与更换记录表（表 4-5）中。

表 4-5　扶手带的调整与更换记录表

序号	步骤	相关记录（如操作要领）
1		
2		
3		
4		
5		
6		
7		
8		
9		
10		

2）分组讨论学习扶手带调整与更换的心得体会（可相互讲述操作方法，再交换角色，重复进行）。

相关链接

扶手带的调整与更换标准

1. 扶手装置的作用与基本结构

扶手装置是装在自动扶梯两侧的特种结构形式的带式装置，扶手装置主要供站立在梯路上的乘客扶手之用，是保护乘客的重要安全设备。

常见的扶手带驱动装置有摩擦轮式驱动装置、直线压轮式驱动装置（图1-27）和端部轮式驱动装置。亚龙YL-2170A型自动扶梯采用摩擦轮式驱动装置，由摩擦轮摩擦带动扶手带（橡胶带），扶手带围绕若干导向滑轮组，摩擦轮驱动与梯级驱动是同一驱动装置，而且是同速同向旋转，扶手带的运行应与梯级同步或稍微超前于梯级，扶手带的速度不应比梯级运行速度快2%以上。

2. 扶手带的调整和更换

扶手带出现下列情况之一时，必须更换（图4-48）：

1）自动扶梯停止运行后，摩擦轮长时间摩擦扶手带同一个位置而发热，扶手带内部滑动层磨损导致钢丝绳暴露。

2）由气候和人为的因素导致扶手带表面橡胶层磨损。

3）自动扶梯运行过程中，扶手带导轨毛刺和扶手带导向块安装不良导致扶手带唇口磨损起毛。

4）使用年限过长或者环境因素造成扶手带断裂。

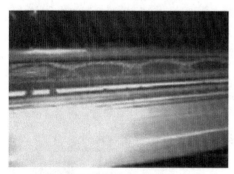

a) 滑动层磨损钢丝绳暴露

b) 扶手带表面橡胶层磨损

c) 扶手带唇口磨损起毛

d) 扶手带任何处开裂

图4-48 扶手带更换的标准

实训任务 4.1.6　扶手带入口保护开关的维修

 二维码资源

调整扶手带出
入口保护装置

步骤一：实训准备

1）准备实训设备与器材：

① YL-2170A 型教学用扶梯（及其配套工具、器材）。

② 自动扶梯维修保养通用的工具器材可参见表 B-3。

2）指导教师对学生进行分组，并进行安全与规范操作的教育。

3）检查学生穿戴的安全防护用品（包括工作服、安全帽和安全鞋）。

4）设置安全防护栏及安全警示标志，如图 4-6 所示。

步骤二：扶手带入口保护开关的维修

（1）故障现象　自动扶梯向上运行，左边的扶手带入口处发出"叽叽"的响声。

（2）故障分析　根据发出声音的位置判断出是扶手带入口保护开关橡胶与扶手带摩擦发出响声，有可能是扶手带与扶手带入口保护开关橡胶之间的间隙过小。

（3）检修过程

1）拆卸上机房盖板，如图 4-7 所示。

2）两名学生合力拆离盖板，并摆放在指定的位置，如图 4-8 所示。

3）按下急停按钮，关闭总电源，如图 4-9 所示。

4）接入检修控制盒，二人互相确认安全后检修运行，确认响声是由扶手带与扶手带入口保护开关橡胶摩擦发出的。

5）目测发现扶手带与扶手带入口保护开关橡胶有摩擦现象，如图 4-49 所示，需要进行调整。

6）拆卸安全毛刷、围裙板和斜盖板。

7）调整扶手带入口套，使扶手带上、下、左、右都处于入口套中间，运行时不允许互相刮碰。

8）检修上、下运行，确认没有摩擦和异响，并且测试扶手带入口保护开关功能有效，如图 4-50 所示。

9）将安全毛刷、围裙板和斜盖板等部件安装完毕后再进行正常运行。

图 4-49　扶手带入口

图 4-50　调整扶手带入口

步骤三：讨论和总结

学生分组讨论：

1）将维修调整扶手带入口保护开关的步骤记录于维修调整扶手带入口保护开关记录表（表4-6）中。

表 4-6 维修调整扶手带入口保护开关记录表

序号	步骤	相关记录(如操作要领)
1		
2		
3		
4		
5		
6		
7		
8		
9		
10		

2）分组讨论学习扶手带入口保护开关维修调整的心得体会（可相互讲述操作方法，再交换角色，重复进行）。

任务 4.2 自动扶梯电气系统故障的维修

 任务目标

应知

理解自动扶梯电气系统的组成和基本工作原理。

应会

1. 熟悉自动扶梯电气系统各部件的安装位置和工作过程。

2. 了解自动扶梯电气故障的类型，学会常见电气故障的诊断方法与排除方法。

 基础知识

一、自动扶梯的电气故障

自动扶梯的电气系统故障的发生点可能是电气控制箱内的元器件，也可能是桁架内的各安全开关等，这给维修工作带来一定的难度。但只要维修人员熟练掌握自动扶梯的电气控制原理，熟识各元器件的安装位置和线路的敷设情况，熟识电气故障的类型，掌握排除电气故障的步骤和方法，就能提高排除电气故障的效率。

1. 自动扶梯电气故障的类型

自动扶梯电气故障的类型分为断路型和短路型，其中断路和短路是以继电器和接触器为主要控制元件的电气控制系统中较为常见的故障。

（1）断路型故障   断路型故障就是应该接通的元器件不能接通，从而引起控制电路出现断点而断开导致不能正常工作的电气故障。造成电路不能接通的原因是多方面的。例如，触点表面有氧化层或污垢；元器件引入、引出线的压紧螺钉松动或焊点虚焊造成断路或接触不良；继电器或接触器的触点被电弧烧毁，触点的簧片被接点接通或断开时产生的电弧加热，自然冷却处理后失去弹力造成触点的接触压力不够而接触不良；当一些继电器或接触器吸合和复位时，触点产生颤动或抖动造成开路或接触不良；元器件的烧毁或撞毁造成断路等。

（2）短路型故障   短路型故障就是不该接通的电路被接通，而且接通后电路内的电阻很小造成短路的电气故障。短路时轻则使熔断器熔断，重则烧毁元器件，甚至引起火灾。对于已投入正常运行的自动扶梯电气控制系统，造成短路的原因也是多方面的。例如，元器件的绝缘材料老化、失效、受潮造成短路；由于外界原因造成元器件的绝缘损坏，以及外界导电材料入侵造成短路等。

2. 自动扶梯电气故障诊断与排除预备知识

（1）掌握电路原理   清楚各元器件之间的相互关系及其作用，了解电路原理图中各元器件的安装位置，若存在机电部件相配合的安装位置与动作原理，则应清楚机电部件之间是怎样实现配合动作的。由此才能准确地判断故障的发生点，并迅速排除故障。

（2）分析故障现象   在判断和检查排除故障之前，必须清楚故障的现象，才有可能根据电气原理图和故障现象，迅速准确地分析判断出故障的性质和范围。查找故障的方法很多，可以通过听取乘用人员或管理人员讲述发生故障时的现象，或通过看、闻、摸以及其他的检测手段和方法：

1）看。就是查看自动扶梯的维修保养记录，了解在故障发生前有否做过任何调整或更换元器件；观察各零件是否正常工作；查看故障代码或控制电路的信号输入、输出指示是否正确；查看元器件外观颜色是否改变等。

2）闻。就是闻元器件（如电动机、变压器、继电器和接触器线圈等）是否有异味。

3）摸。就是用手触摸元器件，看其温度是否异常，拨动接线圈，看其是否松动等（要注意安全）。

4）其他的检测手段和方法。如根据故障代码或借助仪器仪表（万用表、钳形电流表和兆欧表等）检测电路中各参数是否正常，从而分析判断故障点。

最后，根据电路原理图确定故障性质，准确分析判断故障范围，制订切实可行的维修方案。

3. 自动扶梯电气故障的常用检查方法

首先用程序检查法确定故障出于哪个环节电路，然后确定故障出于该环节电路中哪个元器件的触点上。

（1）电压法   所谓电压法，就是使用万用表的电压档检测电路某一元器件两端电位的高低来确定电路（或触点）的工作情况的方法。使用电压法，可以测定触点的通或断。当触点两端电位一样，即电压降为零，也就是电阻为零，可判断该触点为通；当触点两端电位不一样，即电压降等于电源电压，也就是触点电阻为无限大，则可判断该触点为断。

（2）短接法   短接法就是用一段导线逐段接通控制电路中各个开关触点（或线路），模拟该开关（或线路）闭合（或接通）来检查故障的方法。短接法只是用来检测触点是否正常的一种方法。当发现故障点后，应立即拆除短接线，不允许用短接线代替开关触点或线路的接通。

（3）分区、分段法　对于因故障造成对地短路的电路，保护电路熔断器的熔体必然熔断。这时可以在切断电源的情况下，使用万用表的电阻档按分区、分段的方法对电路进行全面测量检查，逐步查找，把对地短路点找出来。也可以利用熔断器作辅助检查方法，此方法就是把好的熔断器安装上，然后分区、分段送电，查看熔断器是否烧毁。

二、自动扶梯的电气保护装置

自动扶梯的电气系统已在"任务 1.3"详细介绍了，自动扶梯的安全保护功能及其相关装置也已在"任务 1.2"中介绍过，在此主要介绍相关电气安全保护装置的原理及其检测与调整的方法。

1. 工作制动器和附加制动器

工作制动器是确保扶梯在紧急情况下有效地减速停车、并保持静止状态的制动器；附加制动器直接安装在主驱动轴上，可与工作制动器同时动作，或在工作制动器失效时动作，确保扶梯停止运行。以上制动器的结构与原理已在"任务 1.2"中详细介绍了。

2. 超速保护装置和非操纵逆转保护装置

（1）超速保护装置和非操纵逆转保护装置的作用

1）超速保护装置的作用。超速保护装置一般有机械式和电子式两种。其作用是当自动扶梯超速或欠速运行至某设定值时，超速保护装置动作，切断扶梯的控制电源，使自动扶梯停止运行。

2）非操纵逆转保护装置的作用。非操纵逆转保护装置也有机械式和电子式两种，其作用是当扶梯发生逆转时，使工作制动器或附加制动器动作，紧急制停自动扶梯。

（2）自动扶梯速度及运行方向检测传感器的安装　正对梯级链轮轮齿安装有两个传感器：一个传感器的感应面中心正对梯级链轮轮齿中心，另一个传感器的边缘正对相邻轮齿中心轴，如图 4-51 所示（安装距离为：$3\text{mm} \leqslant L_A = L_B \leqslant 8\text{mm}$）。

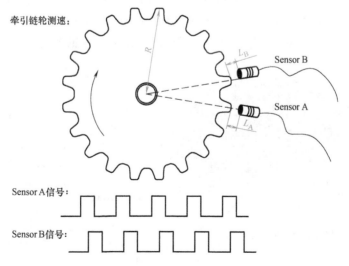

图 4-51　自动扶梯速度及运行方向检测传感器布置图

（3）超速保护装置和非操纵逆转保护装置的工作原理

1）超速保护装置的工作原理。通过使用 Sensor A 和 Sensor B 检测梯级链轮的速度来判断电梯的运行速度是否超速并执行超速安全保护功能。当驱动站工作，梯级链轮转动时，每当轮齿遮断一次传感器，传感器就发出一个脉冲。通过检测传感器的脉冲时间间隔，可以计算出扶梯的运行速度。其中 Sensor A 和 Sensor B 作为相互冗余的速度检测通道，通过设定一定的脉冲周期或频率阈值，可以分别检测 1.2 倍或 1.4 倍超速，并进行保护。

2）非操纵逆转保护装置的工作原理。通过正确地安装两个传感器的相对位置，可以使 Sensor A 的相位超前于 Sensor B，并保证两传感器脉冲有重叠部分，此时检测这两个传感器的逻辑顺序，只需通过逻辑顺序的判断，就可以检测梯级即扶梯的实际运行方向，防止逆转运行。

3. 主驱动链保护装置

主驱动链保护装置参见图 5-1，一般有机械式和电子式两种结构形式。当链条下沉超过某一允许范围或驱动链断裂时，该保护装置的电气安全开关动作，断开主机电源而使自动扶梯停止运行，达到安全保护的目的。

4. 梯级链伸长或断裂保护装置

自动扶梯在张紧装置的张紧弹簧端部装设开关，当梯级链条由于磨损或其他原因而过长、断裂时会碰到开关，切断电源而使自动扶梯停止运行。

5. 梳齿板安全保护装置

梳齿板安全保护装置参见图 1-33，其作用是：当异物卡在梯级踏板与梳齿之间造成梯级不能与梳齿板正常啮合时，梳齿就会弯曲或折断，此时梯级不能正常进入梳齿板，梯级的前进力就会将梳齿板抬起移位，使开关动作，扶梯停止运行，达到安全保护的作用。

6. 梯级缺失监测装置

（1）梯级缺失监测装置的作用　当自动扶梯的梯级或踏板出现缺失时，能够通过装设在驱动站和转向站的检测装置检测到，并使自动扶梯在缺口（由梯级或踏板缺失而导致）从梳齿板位置出现之前停止运行。梯级缺失监测装置参见图 1-32。

（2）检测传感器的安装　检测传感器上、下部机房中各有一个，正对于踏板对立侧的踢板长边边缘之截面安装，如图 4-52 所示（安装距离为：$5\text{mm} \leqslant L_5/L_6 \leqslant 15\text{mm}$）。

（3）梯级缺失监测装置的工作原理　设检测梯级缺失的传感器为 Sensor 5/6。通过在自

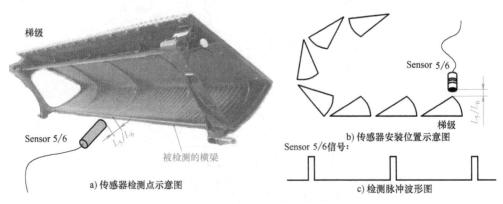

图 4-52　检测传感器的安装

动扶梯上、下部机房内的梯级回转端安装 Sensor 5/6 检测梯级是否缺失，配合主机测速传感器 Sensor A/B 的信号，通过计算 Sensor A/B 在 Sensor 5/6 相邻脉冲宽度内的脉冲数量来判断梯级是否缺失：当梯级经过时，Sensor 5/6 接收到信号，输出脉冲，设同一个 Sensor 两个相邻脉冲的时间间隔 T，时间间隔 T 内主机测速上 Sensor A 或 B 的脉冲计数 X。不管梯速如何，在梯级不缺失的情况下，时间间隔 T 内的 X 值是在一定阈值内的，如果 X 值超出阈值，则判断为梯级缺失故障，自动扶梯紧急制停。

7. 梯级塌陷保护装置

梯级塌陷保护装置参见图 1-31。梯级塌陷指梯级滚轮外圈橡胶剥落或梯级滚轮轴承断裂等情况发生时，造成梯级在进入水平段后不能与梳齿板正常啮合的现象。当梯级塌陷后，运动中的梯级碰撞开关上的打杆使开关动作，扶梯停止运行。

8. 上、下水平区段的梯级间隙照明

在梯路上、下水平区段与曲线区段的过渡处，梯级在形成阶梯或阶梯消失的过程中，乘客的脚可能会踏在两个梯级之间发生危险。为了避免上述情况的发生，在上、下水平区段梯级下面各装一个绿色荧光灯，使乘客经过该处看到灯光时，能及时调整在梯级上站立的位置，以确保乘客安全，如图 4-53 所示。

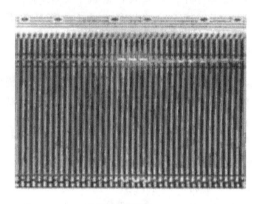
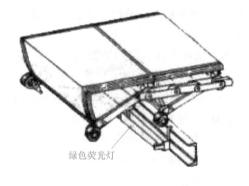

绿色荧光灯

a) 梯级间隙照明　　　　　　　　　　　　　　　b) 绿色荧光灯安装位置

图 4-53　上、下水平区段的梯级间隙照明

9. 扶手带出入口安全保护装置

扶手带出入口安全保护装置参见图 2-8、图 4-5 及相关介绍。

10. 扶手带断带保护装置

公共交通型自动扶梯一般都设有扶手带断带保护装置。如果扶手带断裂，则紧靠在扶手带内表面的滚轮摇臂就会下跌，使扶手带断带开关动作，自动扶梯立即断电停止运行。

11. 扶手带速度偏离保护装置

如图 4-54 所示，在自动扶梯左、右扶手带下方装有扶手带测速装置，正对测速轮上的感应装置固定传感器，测速轮圆周以相同间隔均匀开孔。设检测左右扶手带速度的传感器为 Sensor 3/4，并将其固定在不运动的部件上。当扶梯运行时，扶手带测速轮通过摩擦力转动，其线速度与扶手带的速度基本一致，测速轮每转动一圈，Sensor 3/4 就输出一个脉冲信号（图 4-54b），由此检测出扶手带的速度并与梯速比较。当扶手带速度低于对应的梯速的 85% 并持续 15s 时，切断自动扶梯的安全回路的电源，使其立即停止运行，从而实现扶手带测速

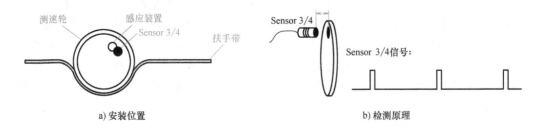

a) 安装位置   b) 检测原理

图 4-54   扶手带测速传感器的安装位置与检测原理示意图

保护。

12. 围裙板安全保护装置

虽然国家标准没有规定必须安装围裙板安全保护装置，但一般的扶梯生产厂家都会在扶梯的上部和下部安装四个围裙板安全保护装置（围裙板安全保护装置参见图 1-34 及相关介绍）。

13. 检修盖板打开检测装置

自动扶梯正常运行过程中，如果上、下检修盖板被打开，则安装在盖板下的检测开关将切断自动扶梯安全回路的电源，使其立即停止运行。当转换至检修状态时，该检测开关不起作用。

14. 制停距离超距保护装置

在自动扶梯应该停止时，由于制动器失效或其他原因致使其无法停止，当制停距离超出最大允许距离的 1.2 倍时，扶梯安全监控板将判断其为制停距离超距故障，故障代码为"ERR04"，该故障排除后只能手动复位。

15. 制动器松闸故障保护电气装置

（1）动作原理   检测开关安装在工作制动器的制动线圈下方，如图 4-55 所示。检测开关分别监测制动器两边制动臂的动作情况，开关信号分别接入系统安全监控板 PES 的 X6、X7 和 X8、X9 端口（参见附录图 B-4）。当制动器松闸出现故障时，即扶梯起动后工作制动器的制动臂未能有效打开，检测开关也将不动作，系统安全监控板不能收到抱闸打开信号，将切断自动扶梯安全回路的电源，使其立即停止运行，从而实现制动器松闸故障保护功能。

（2）检验方法   自动扶梯起动前或在运行过程中拆除检测开关信号线（接线端子号 X6 或 X7），或者拆除抱闸线圈的接线（接线端子号 V32 或 W32），抱闸不能有效打开，则系统安全监控板不能收到抱闸打开信号，将切断自动扶梯或自动扶梯的安全回路的电源，使其立即停止运行。系统安全监控板将报故障"ERR09"，此故障排除后只能手动复位。

16. 手动盘车检测保护装置

当装上可拆卸的手动盘车装置时，检测保护装置将断开安全回路电源，防止自动扶

图 4-55   制动器松闸故障保护电气装置

梯起动。

17. 驱动电动机的保护

（1）电动机过载保护　当电动机超载或其他原因造成电流过大时，热继电器自动断开，切断电动机的所有供电电源，当充分冷却并排除故障后，热继电器复位。

（2）相位保护　当电动机电源出现断相或错相时，相序保护开关动作，自动扶梯不能运行。

18. 故障显示及自动报警

自动扶梯的安全装置对扶梯产生的一切故障和安全问题都具有自动报警、自动显示和自动故障分析等功能，最大限度地保证了乘客的安全（图1-37、图1-38）。

19. 其他电路及其功能

（1）加油功能　PLC控制器以扶梯正常运行时间为基准，自动累计工作时间，当时间达到24h时，加油装置工作一次（3min），用户根据扶梯使用情况需对加油装置添加润滑油（润滑间隔时间和润滑时间可按不同使用要求任意设定）；若某些原因需手动加油且加油器为电磁泵时，则可在扶梯运行后插入起动钥匙旋转（不分方向）保持5s，直至响起警铃声，此时扶梯停止运行，再次起动扶梯，加油装置工作5min，也可以根据维护需要进行手动按钮加油。

（2）安全照明　在自动扶梯的上、下机房都装有AC 36V安全照明灯，上段的电气控制箱和下段的分线箱中都装有AC 36V、AC 220V的插座，用来提供安全照明灯电源和检修电源。

 任务实施

实训任务 4.2.1　检修控制盒公共开关的维修

 二维码资源

自动扶梯检修
控制盒的维修

步骤一：实训准备

1）准备实训设备与器材：

① YL-2170A型教学用扶梯及其配套工具、器材。

② 自动扶梯维修保养通用的工具器材可参见表B-3。

2）指导教师对学生进行分组，并进行安全与规范操作的教育。

3）检查学生穿戴的安全防护用品（包括工作服、安全帽和安全鞋）。

4）设置安全防护栏及安全警示标志，如图4-6所示。

步骤二：检修控制盒公共开关的维修

（1）故障现象　自动扶梯能够正常运行，但不能检修运行。

（2）故障分析　根据故障现象分析，应是检修回路的故障。

（3）检修过程

1）拆卸上机房盖板，如图4-7所示。

2）两名学生合力拆离盖板，并摆放在指定的位置，如图4-8所示。

3）按下急停按钮，关闭总电源，如图4-9所示。

4）接入检修控制盒，查看扶梯故障显示器，观察其状态是否正常。

5）检修上、下运行，观察到上、下行接触器均不吸合，如图4-56所示。

6）测量PES控制器X1输入端正常，如图4-57所示。

7）检修上、下运行时，分别测量PLC（可编程控制器）X04、X05端口有无电压，如图4-58所示，驱动主电路图参见图B-2。

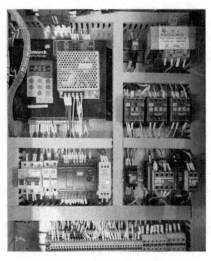

图 4-56 观察上、下行接触器

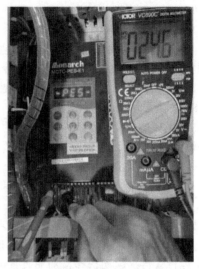

图 4-57 测量 PES 控制器 X1 输入端

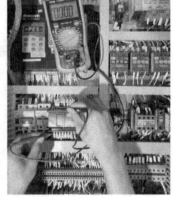

图 4-58 检查 PLC 端口

8) 断开电源，按动检修控制盒按钮，用万用表蜂鸣档测量检修控制盒插头，若不导通，则确认为检修控制盒内部故障，如图 4-59 所示，安全回路及检修手柄电路图参见图 B-5。

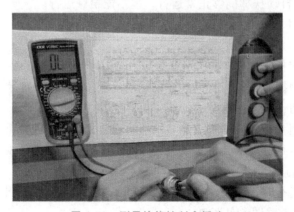

图 4-59 测量检修控制盒插头

9）经测量发现公共开关不导通，确定是开关动合触点损坏，更换公共开关后恢复检修运行，如图 4-60 所示。

图 4-60　测量公共开关

步骤三：讨论和总结

学生分组讨论：

1）维修检修控制盒公共开关的步骤记录于维修检修控制盒公共开关记录表（表 4-7）中。

表 4-7　维修检修控制盒公共开关记录表

序号	步骤	相关记录（如操作要领）
1		
2		
3		
4		
5		
6		
7		
8		

2）分组讨论学习维修检修控制盒公共开关的心得体会（可相互讲述操作方法，再交换角色，重复进行）。

实训任务 4.2.2　自动扶梯梳齿板保护开关的维修

 二维码资源

步骤一：实训准备

1）准备实训设备与器材：

① YL-2170A 型教学用扶梯及其配套工具、器材。

② 自动扶梯维修保养通用的工具器材可参见表 B-3。

2）指导教师对学生进行分组，并进行安全与规范操作的教育。

3）检查学生穿戴的安全防护用品（包括工作服、安全帽和安全鞋）。

4）设置安全防护栏及安全警示标志，如图 4-6 所示。

步骤二：梳齿板保护开关的维修

（1）故障现象　自动扶梯不能正常运行，故障显示板的蜂鸣器发出响声，故障码代码显示为 E14。

自动扶梯梳齿保
护开关的维修

（2）故障分析　查看故障代码（E14），是上部左、右梳齿板保护开关故障。

（3）检修过程

1）拆卸上机房盖板，如图 4-7 所示。

2）两名学生合力拆离盖板，并摆放在指定的位置，如图 4-8 所示。

3）按下急停按钮，关闭总电源，如图 4-9 所示。

4）接入检修控制盒，送电，查看扶梯电气控制箱上的故障代码（E14），如图 4-61 所示。

5）故障代码所示的故障点是"E14 上部左右梳齿板保护开关"，检查梳齿板保护开关是否误动作，如图 4-62 所示。

图 4-61　查看故障代码

图 4-62　检查梳齿板保护开关

6）测量电气控制箱的端子 A14～A15（安全保护电路），经过测量发现这两个端子之间断路，如图 4-63 所示，安全回路及检修手柄电路图参见图 B-5。

图 4-63　测量梳齿板保护开关回路

7）进一步对元器件进行测量，发现是上机房右边的梳齿板保护开关有故障，更换后恢复正常，如图 4-64 所示。

图 4-64 测量梳齿板保护开关

步骤三：讨论和总结

学生分组讨论：

1）将维修梳齿板保护开关的步骤记录于维修梳齿板保护开关记录表（表 4-8）中。

表 4-8 维修梳齿板保护开关记录表

序号	步骤	相关记录(如操作要领)
1		
2		
3		
4		
5		
6		
7		
8		

2）分组讨论学习维修梳齿板保护开关的心得体会（可相互讲述操作方法，再交换角色，重复进行）。

实训任务 4.2.3 三相电源缺相故障的维修

步骤一：实训准备

1）准备实训设备与器材：

① YL-2170A 型教学用扶梯及其配套工具、器材。

② 自动扶梯维修保养通用的工具器材可参见表 B-3。

2）指导教师对学生进行分组，并进行安全与规范操作的教育。

3）检查学生穿戴的安全防护用品（包括工作服、安全帽和安全鞋）。

4）设置安全防护栏及安全警示标志，如图 4-6 所示。

步骤二：三相电源缺相故障的维修

（1）故障现象 自动扶梯不能正常运行，故障代码显示为 E12。

（2）故障分析 查看故障代码（E12），是电动机热保护或相序保护故障。

（3）检修过程

1）拆卸上机房盖板，如图 4-7 所示。

2）两名学生合力拆离盖板，并摆放在指定的位置，如图 4-8 所示。

3）按下急停按钮，关闭总电源，如图 4-9 所示。

4）接入检修控制盒。

5）送电，查看扶梯电气控制箱上的故障代码。

6）观察发现相序继电器红灯亮。

7）使用万用表电压档测量电气控制箱 L1、L2、L3，三相电源电压正常，如图 4-65 所示，也可参见图 B-2。

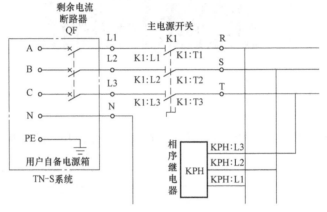

图 4-65　测量三相电源输入端

8）测量主电源开关（K1），电源输入电压正常，如图 4-66 所示。

9）测量 R、S、T 三相电源电压正常，如图 4-67 所示。

10）测量相序继电器 KPH，发现端口 L2 的接线接触不良，导致缺相（图 4-68）。断电后修复 L2 端接线。

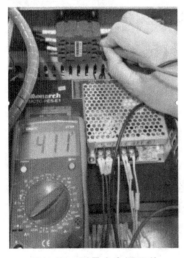

图 4-66　测量主电源开关　　图 4-67　测量三相电源电压　　图 4-68　接线端检查

11）送电，电梯能正常起动运行。

步骤三：讨论和总结

1）将维修三相电源缺相故障的步骤记录于维修三相电源缺相故障记录表（表 4-9）中。

表 4-9　维修三相电源缺相故障记录表

序号	步骤	相关记录(如操作要领)
1		
2		
3		
4		
5		
6		
7		
8		
9		
10		

2) 分组讨论学习维修三相电源缺相故障的心得体会（可相互讲述操作方法，再交换角色，重复进行）。

项目总结

本项目的主要内容为自动扶梯的故障维修，分为自动扶梯机械系统故障的维修与自动扶梯电气系统故障的维修。

对故障的分析诊断，应建立在对自动扶梯各部分结构与运行原理整体系统理解的基础上；而对故障的排除则应建立在对故障分析诊断能力的基础上。同时在工作中应注意总结经验，探索规律，提高排障的能力，并且要注意掌握检测的标准与操作的规范。

"任务 4.1"的前五个实训：梯级的拆装、梯级轮的检查与更换、梯级链的检查与更换、梯级链张紧装置的调整和扶手带的调整与更换都是自动扶梯维修的基础实训，也是自动扶梯维修操作技能的基本功，特别是梯级的拆装，因为自动扶梯的维修与保养几乎都需要拆装梯级，所以应熟练掌握其操作要领。

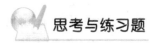

思考与练习题

4-1　填空题

1. 检查驱动系统时需卸下上部_____，为维修方便可将_____卸下螺栓提出机房。

2. 在检查上梳板和下梳板前，上、下部的_____应预先拆除。

3. 按照标准，当梯级运行速度为 0.5m/s 时，空载及有载向下运行的自动扶梯制停距离范围为_____~_____ m。

4. 在进行盘车操作前应先观察，确定_____；然后一人_____，一人_____。

5. 在扶手带调整测试后，经过2~3天的运行，由于扶手带的可延长性会导致扶手带变长，因此应当＿＿＿＿＿＿＿＿＿＿。

4-2   选择题

1. 一旦发现自动扶梯的梳齿损坏应（   ）。

A. 安排修理   B. 立即修理   C. 在大修时才修理   D. 随意

2. 通过调整扶梯主轴侧板上的调整螺栓可调节扶手转轴的链条张力，此时需拆下（   ）个梯级与链条罩方可调整。

A. 1   B. 2   C. 3   D. 4

3. 应定期检查导向块的磨损程度，至少拆下（   ）个导向块测量。

A. 1   B. 2   C. 3   D. 4

4. 梯级导向块的磨损量达到（   ）mm的最大值时必须更换。

A. 0.6   B. 0.8   C. 1.0   D. 1.2

5. 梳齿板两侧的间隙都不应大于（   ）mm。

A. 0.2   B. 0.4   C. 0.6   D. 0.8

6. 梯级拆除应在（   ）机房内进行。

A. 上部   B. 中部   C. 下部   D. 顶部

7. 自动扶梯电气设备导体之间和导体对地之间的绝缘电阻应大于（   ）Ω/V。

A. 500   B. 1000   C. 1500   D. 2000

8. 自动扶梯或自动人行道的梳齿板梳齿或踏面齿应当完好，不得有缺损。梳齿板梳齿与踏板面齿槽的啮合深度至少为（   ）mm，间隙不应超过（   ）mm。

A. 1；1   B. 2；2   C. 3；3   D. 4；4

9. 自动扶梯梯级导向轮与梯级间的间隙为（   ）mm。

A. 0~0.5   B. 0~0.3   C. 0~0.2   D. 0~0.4

10. 自动扶梯应有便携式检修控制装置，其连接电缆的长度应不小于（   ）m。

A. 1   B. 2   C. 3   D. 4

11. 自动扶梯和自动人行道的驱动站和转向站内至少有（   ）个检修运行插座。

A. 0   B. 1   C. 2   D. 3

12. 自动扶梯和自动人行道的驱动站和转向站内均应安装（   ）开关。

A. 呼唤   B. 照明   C. 总电源   D. 急停

13. 某自动扶梯名义宽度为0.8m，提升高度为5m，最大可见梯级踏板高度为20mm，则该自动扶梯制动载荷应为（   ）kg。

A. 1800   B. 2000   C. 2250   D. 2350

14. 如果自动人行道的围裙板设置在踏板或胶带之上，则踏板表面与围裙板下端所测得的垂直间隙不应超过（   ）mm。

A. 2   B. 3   C. 4   D. 5

15. 下列对于自动扶梯附加制动器的描述，错误的是（   ）。

A. 提升高度大于6m时，必须加装附加制动器

B. 附加制动器动作时，也应保证对工作制动器所要求的制停距离

C. 附加制动器在动作开始时应强制地切断控制电路

D. 如果电源发生故障或者安全回路失电，允许附加制动器和工作制动器同时动作

16. 按照 GB 16899—2011《自动扶梯和自动人行道的制造与安装安全规范》，直接与电源连接的电动机应进行（　　）保护。

A. 断错相　　　　　B. 错相　　　　　C. 断相　　　　　D. 短路

17. 自动扶梯的梯级在（　　）中，不得进入梯路范围进行任何调整或检查。

A. 运行　　　　　B. 停止　　　　　C. 拆除　　　　　D. 检修

18. 自动扶梯、自动人行道施工中需进行通电运行试验时，必须先确认梯级踏板及周围（　　）才可以操作。

A. 有人　　　　　B. 没有人　　　　　C. 有货物　　　　　D. 没有货物

19. 自动扶梯和自动人行道检修运行时，（　　）开关可以失效。

A. 非操纵逆转保护　　　　　B. 梯级塌陷保护

C. 扶手带速度偏离保护　　　　　D. 制动器松闸保护

20. 以下关于自动扶梯梯级的拆卸、更换的操作步骤顺序正确的是（　　）。

① 打开扶梯下部盖板，将梯级保护板（防尘板）拿出，拆除下部梳齿板。

② 松开梯级螺钉，在装卸口将损坏梯级慢慢取下。

③ 将梯级的两个轴承座推向梯级主轴轴套，拧紧螺钉，新安装梯级必须和上方原梯级对齐。

④ 采用盘车或用检修运行将损坏的梯级运行到下部转向壁上的装卸口。

⑤ 当梯级安装好后，检修运行上、下运转，检查梯级在整个梯路中的运行情况，检查时应注意梯级踏板齿与相邻梯级踏板齿间是否有恒定的间隙。

A.①-④-②-③-⑤　　　　　B.①-②-③-⑤-④

C.①-②-④-③-⑤　　　　　D.①-②-③-④-⑤

21. 当扶梯超速保护时，扶梯安全监控板报故障"ERR01"为超速（　　）倍，"ERR02"为超速（　　）倍。

A. 1. 1　　　　　B. 1. 2　　　　　C. 1. 3　　　　　D. 1. 4

22. 自动扶梯和自动人行道的驱动主机附近，应装设主开关，该开关能切断该机正常工作的最大电流，但不应切断照明和（　　）的电源。

A. 插座　　　　　B. 信号　　　　　C. 控制　　　　　D. 安全

23. 拆装自动扶梯、自动人行道的梯级时，必须切断电源，用（　　）方法移动梯级至适当位置，以便于拆装。

A. 自动运行　　　　　B. 点动运行　　　　　C. 手动盘车　　　　　D. 人力搬动

4-3　判断题

1. 梳齿板在设计和制造时就具有预定的断裂点，以防其严重损坏梯级。（　　）

2. 在自动扶梯检修过程中必须按下急停开关。（　　）

3. 在自动扶梯检修过程中必须有明确的应答制度，确保所有人在安全位置才能以检修速度运行扶梯。（　　）

4. 由于梯级链在长期使用过程中会发生相对伸长，因此必须对曳引链张紧装置及安全

开关打板的位置进行定期调整，若调整弹簧还不能保证梯级链有足够的张力，张紧弹簧调整至极限，就必须更换牵引链条。（　　　）

5. 左右梯级链条可以单独更换。（　　）

6. 短接法只是用来检测触点是否正常的一种方法，需谨慎采用。当发现故障点后，应立即拆除短接线，不允许用短接线代替开关触点或线路的接通。（　　）

7. 可以用短接法来判断电器线圈是否损坏（断路）。（　　）

8. 在维修保养时需要拆卸梯级后，维保人员才能进入扶梯桁架内进行维护。（　　）

4-4　综合题

1. 试述自动扶梯梯级拆装的操作步骤与要领。
2. 试述自动扶梯梯级轮检查与更换的操作步骤与要领。
3. 试述自动扶梯梯级链检查与更换的操作步骤与要领。
4. 试述自动扶梯梯级链张紧装置调整的操作步骤与要领。
5. 试述自动扶梯扶手带调整与更换的操作步骤与要领。
6. 试述自动扶梯电气故障诊断与排除的操作步骤与要领。
7. 简述自动扶梯电气维修带电测试时的安全注意事项。

4-5　学习记录与分析

分析表 4-1~表 4-9 中记录的内容，结合以上综合题小结本项目九个实训任务的操作过程与工作细节。

4-6　试叙述对本项目与实训操作的认识、收获与体会

项目 5　自动扶梯的维护保养

基础知识

自动扶梯的日常维护保养

根据 2017 年 1 月 16 日发布的 TSG T5002—2017《电梯维护保养规则》，自动扶梯的维保项目分为半月、季度、半年、年度维保四类，其维保的基本项目（内容）和要求可见 TSG T5002—2017 的表 D-1～表 D-4。维保单位应当依据其要求，按照安装使用维护说明书的规定，并根据所保养自动扶梯使用的特点，制订合理的维保计划与方案，对自动扶梯进行清洁、润滑、检查、调整，更换不符合要求的易损件，使自动扶梯达到安全要求，保证自动扶梯能够正常运行。

任务 5.1　自动扶梯的半月维护保养

任务目标

应知

1. 熟悉自动扶梯维护保养的有关规定。

2. 掌握自动扶梯半月维保的内容和要求。

应会

1. 学会自动扶梯的维护保养操作。

2. 熟练掌握自动扶梯半月维保的操作步骤与方法。

基础知识

自动扶梯半月维护保养的内容与要求

自动扶梯正常投入使用过程中，定期进行维修保养是必不可少的。维修保养是指为了能充分发挥已交给用户使用的自动扶梯的各项性能，同时满足设计的要求，由维修保养部门向用户提供的合作与援助。自动扶梯是涉及人身安全的特种设备，一旦由于产品缺陷或维保不当而发生事故，厂家或维保单位必须承担责任。因此必须通过日常的维护保养，保证自动扶梯各项功能和安全要求符合出厂设计时的安全技术要求。自动扶梯的维修保养分为半月保养、季度保养、半年保养和年度保养四种，维保的具体内容、项目在 TSG T5002—2017 中均有具体要求。其中半月保养是自动扶梯进行维护保养的基础项目，其具体保养内容、项目与要求如下：

1. 电器部件

1）断开主电源，检查清洁上下机房电气控制箱和接线箱。

2）断电检查接线是否松动，电气控制箱、变频器地线接地是否可靠，电线绝缘层有无破损、老化，线路应整齐，无交叉、扭曲、打结现象；检查继电器、接触器动作是否正常可靠，检查熔体选配是否符合图样标注要求。

2. 故障显示板

观察故障显示板显示是否正常，检查故障码是否对应故障点（图1-37）。

3. 设备运行状况

1）用钥匙开关操纵自动扶梯，以正常速度上、下运行，至少每个方向运行一个循环以上。

2）乘坐自动扶梯上、下来回观察扶梯的运行状况，每个方向至少一次，观察扶手带与梯级在运行过程中是否有异常的跳动、振动、抖动和刮碰现象。

3）注意检查上、下运行时驱动站、转向站、梯级与上下梳齿之间、梯级与围裙板、梯级与梯级是否有异响。

4）观察扶手带与梯级速度是否同步。

5）在扶梯上、下出口处观察梯级与梳齿板的啮合情况。

6）乘梯时观察梯级与围裙板或毛刷（胶条）的间隙。

4. 主驱动链

1）断开主电源，按照说明书的要求检查主驱动链的张力，滴油嘴与链条之间的位置，滴油嘴出油是否畅通。

2）检修状态下按下急停按钮，用螺钉旋具下压主驱动链断链保护开关的检测杆（图5-1），将急停按钮复位，检修不能运行；将主驱动链断链保护开关复位，检修运行正常，确认主驱动链断链保护开关有效。

5. 制动器机械装置

1）断开主电源，用毛刷或干净抹布将制动器和制动闸瓦等部位的灰尘和杂物清理干净，防止油污侵入，如图5-2所示。

2）两人配合，其中一人手动松开制动抱闸，另一人检查制动器机械装置动作是否灵活可靠。

3）合上主电源，将急停按钮复位，用检修模式上、下运行设备两次，观察制动装置动作是否正常。

图 5-1 检查驱动链断链保护开关

图 5-2 清扫制动器

6. 制动器状态检测开关

1）按下急停按钮。

2）手动测试检测开关动作是否有效。

3）检查检测开关固定是否良好，必要时用螺钉旋具进行紧固，如图 5-3 所示。

4）检查配线绝缘层是否破损，配线连接是否紧固可靠。

5）插上检修控制盒（图 1-42），将急停按钮复位，按检修模式操纵自动扶梯，观察制动器铁心与检测开关是否同步，检测开关动作范围应在 1.6~2.0mm。

7. 减速机润滑油

1）断开主电源，拔出减速机油标尺（图 5-4），用干净的抹布擦干净油标尺，再测量油量是否在油标尺刻度范围内；如果在下限外，则应添加制造单位规定的润滑油。

2）查看减速机外表是否有漏油、渗油现象。

图 5-3　检查检测开关　　　　　　　　图 5-4　检查减速机油标尺

8. 电动机通风口

1）断开主电源，将电动机通风口滤网盖拆下移开，用毛刷或干净抹布将滤网积尘清理干净。

2）重新安装好通风滤网盖。

9. 检修控制装置

1）插入检修控制盒，确认自动进入检修控制状态运行：按住运行按钮，第一次按上（下）按钮，电铃响；第二次按上（下）按钮，电铃不响，扶梯运行；放松按钮，扶梯停止；再次运行，操作将从头开始。第一、二次按按钮的时间间隔不应超过 3s，若超时则第一次记忆将自动取消。

2）按动检修控制盒上行或下行按钮，观察设备是否与按钮所标识方向运行一致，松开按钮，观察设备是否立即停止运行，操作检修控制盒按钮应动作畅顺无卡阻。

10. 自动润滑油罐油位

1）断开主电源，检查自动润滑油罐油位是否在标线内，确保加到自动加油装置中的油符合使用说明书的要求，检查是否存在漏油现象，如图 5-5 所示。

2）目测检查油路系统的油路管道是否完好无损。

11. 梳齿板开关

1）检查确认压缩弹簧长度的参考值为 48~52mm。

2）按下急停按钮，拆卸一块梳齿，用螺钉旋具插入梯级与梳齿板之间，往前推动（红色箭头的方向）梳齿板使梳齿板开关动作，如图5-6所示。将急停按钮复位，检修不能运行，将梳齿板开关复位后检修运行正常，确认梳齿板开关有效。

3）分别测试其他梳齿板开关，确认梳齿板开关全部有效。

图5-5 检查自动润滑油罐

图5-6 测试梳齿板开关

12. 梳齿板照明

1）上、下运行自动扶梯，观察梳齿板照明是否正常。

2）在地面测出梳齿相交线处的光照度至少为50lx。如图5-7所示。

13. 梳齿板梳齿与踏板面齿槽、导向胶带

1）检查梳齿是否有断齿，若有则更换该梳齿；检查梯级导向胶带，应无损坏。

2）用楔形塞尺测量梳齿板底部到梯级槽面（图5-8）的距离，通过调节梳齿前沿板的升降螺钉可以将间隙调整到不大于4mm的范围内。

图5-7 检测光照度

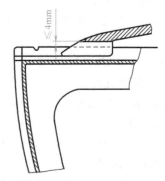

图5-8 梳齿板底部到梯级槽面间隙示意图

14. 梯级或者踏板下陷开关

1）断开主电源，拆卸三个梯级，检修运行，将拆除梯级位置移至梯级下陷保护装置处。

2）将检测杆按逆时针方向拨动90°（图5-9a），检修不能运行，将梯级下陷开关复位后检修运行正常，确认电气安全保护装置动作有效，如图5-9所示。

3）测量梯级与检测杆的间隙（参考值为2~3mm）。

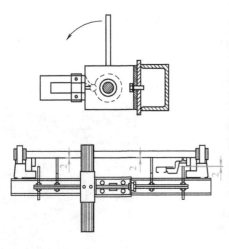

a) 梯级下陷开关示意图   b) 测试开关

图 5-9 测试梯级下陷开关

15. 梯级缺失监测装置

1）断开主电源，在停梯状态下拆去一个梯级，当扶梯运行到梯级缺失处时，自动扶梯停梯。此故障为断电保持，在未执行故障复位前，自动扶梯无法运行，如图 5-10 所示。

2）将缺失的梯级按要求安装好后，按下复位按钮 3s，自动扶梯即可恢复正常状态。

图 5-10 拆去梯级进行测试

16. 超速或非操纵逆转监测装置

1）停梯状态下，将电气控制箱接线端子 28 及 29 调换，起动运行后系统会自动停车，安全功能控制器断开 1.2 倍和 1.4 倍安全继电器，附加制动器会失电动作。

2）此故障为断电保持，在未复位清除故障前，自动扶梯无法运行。在调换回接线端子 28 及 29 后，按下复位按钮 3s，自动扶梯即可恢复正常状态。

17. 检修盖板和楼层板

1）在检修盖板和楼层板上走动，不会出现上下晃动、倾覆或者翻转。

2）打开检修盖板和楼层板，自动扶梯应停止运行，确认电气安全保护装置动作有效，如图 5-11 所示。

18. 梯级链张紧开关

1) 断开主电源，手动检测开关是否动作有效，检查开关触扳螺栓、螺母是否紧固。

2) 按下行程开关，检修不能运行，将梯级链断链开关复位，检修运行正常，确认电气安全保护装置动作有效。

3) 检查行程开关与限位开关板的尺寸，如图 5-12 所示。

图 5-11 测试盖板开关

图 5-12 检查行程开关与限位开关板的尺寸

19. 防护挡板

1) 目测防护挡板完整无破损、无锐利边缘且固定牢固，能有效防护，确保人身安全，如图 5-13 所示。

2) 清洁挡板灰尘和污迹。

20. 梯级滚轮和梯级导轨

1) 梯级滚轮应保持润滑良好，转动正常，梯级轮不应有破损等异常状况。

2) 梯级导轨应保持清洁，梯级导轨不应有变形、局部磨损等异常状况。

3) 打开上盖板，按下急停按钮，插上检修控制盒。

4) 检修运行，在上机房目测梯级滚轮，如果发现有磨损或损坏的轮子，则应

图 5-13 检查防护挡板

在在梯级上做好记号，在下机房拆卸梯级、更换梯级滚轮。

5) 导轨清洁与导轨检查可以同时进行，当清洁到每段导轨驳接口处时，要仔细检查接口是否平滑，如果有高低不平的状况，则应先紧固好固定螺钉再打磨至平滑。

6) 试运行设备，确认其是否还有异响。

21. 梯级、踏板与围裙板之间的间隙

1) 扶梯运行时梯级不应与围裙板有摩擦、碰撞等异常状况。

2) 在扶梯上段、中段和下段三个位置，使用斜塞尺测量同一级梯级、踏板与围裙

板的间隙（取最大值），任何一侧的水平间隙不应大于 4mm，在两侧对称位置处测得的间隙总和不应大于 7mm。如图 5-14 所示（若自动扶梯提升高度较高，则可适当增加测量位置）。

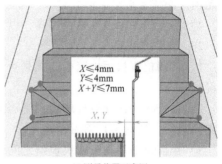

a) 测量梯级、踏板与围裙板间隙　　　　b) 测量位置示意图

图 5-14　检查测量梯级、踏板与围裙板间隙

22. 运行方向显示

用钥匙开关起动时，自动扶梯正常运行：

1）出、入口处的方向指示灯应与运行方向一致，当自动扶梯和自动人行道停止运行时，出入口指示灯显示红色。

2）方向指示灯应与装饰板保持平整、无损坏。

23. 扶手带入口处保护开关

1）检查扶手带入口橡胶是否老化、变形或断裂。

2）检查扶手带与入口胶套的间隙是否居中，运行时不允许互相刮碰。

3）检查扶手带入口安全保护装置与开关配线是否紧固良好。

4）检修运行，用手指轻推扶手带导向件，使其向入口面板移动，压紧行程开关，自动扶梯应停梯，当移开后安全保护装置应能自动复位，如图 5-15 所示。

5）用毛刷清洁扶手带入口安全保护装置处的杂物灰尘。

24. 扶手带

1）使自动扶梯和自动人行道至少运行一个循环，目测扶手带表面是否出现老化、龟裂或新刮痕，驳接口是否开裂或损坏。

图 5-15　测试扶手带
入口安全开关

2）检查扶手带在运行过程中是否与出入口处有刮碰。

25. 扶手带运行

1）起动自动扶梯，使其正常运行，维修保养人员站在梯级或踏板上双手握住扶手带，检查扶手带运行状况。

2）检查扶手带是否振动、抖动或跳动以及有无偏摆现象等。

3）检查扶手带与梯级速度是否同步，乘坐自动扶梯分别向上和向下运行，两手扶紧两侧扶手带，如图 5-16 所示。到达出口时，两手臂不应该有滞后，也不应该过度超前。

4）检查扶手带温升是否过高，以致出现烫手现象。

26. 扶手护壁板

1）目测检查扶手护壁板连接是否平滑，有无破损等状况。

2）检查扶手护壁板玻璃表面是否有裂痕，边缘是否有破损现象，如图 5-17 所示。

3）用楔形塞尺测量两块玻璃之间的间隙是否一致。

27. 上下出入口处的照明

检查灯架是否牢固，自动扶梯运行，目测上下出入口处的照明是否正常，如图 5-18 所示。

图 5-16　检查扶手带运行状况

图 5-17　检查扶手护壁板

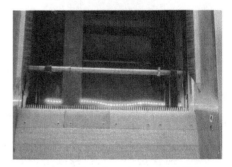

图 5-18　检查上下出入口处的照明

28. 上下出入口和扶梯之间保护栏杆

1）目测检查上下出入口和扶梯之间保护栏杆是否有破损。

2）用手轻轻摇摆感觉上下出入口和扶梯之间的保护栏杆是否紧固。

29. 出入口安全警示标志

1）目测检查自动扶梯出入口安全警示标志、合格证、使用登记证是否齐全、完好，是否贴在醒目位置，如图 5-19 所示。若有缺失或损坏，则应立即补齐或更换。

图 5-19　检查出入口安全警示标志

2）检查使用登记证是否在有效期内。

30. 分离机房、各驱动站和转向站

1）驱动站、分离机房：

① 打开驱动站、分离机房，按下急停按钮，断开主电源，拆下梯级防护板。

② 用抹布清洁分离机房、驱动站的相关部件（如主机、电气控制箱、主电源箱等的表面）。

③ 清洁灰尘、垃圾。

④ 完工后收集垃圾装入垃圾袋并放到指定位置，清理工具，装回梯级防护板，恢复主电源，将急停按钮复位，试运行后合上盖板。

2）转向站：

① 打开转向站盖板，按下急停按钮，拆下梯级防护板。

② 用抹布清洁转向站内的相关部件的表面。

③ 将灰尘、积水、集油盘废油清洁干净并将废油收集在专用的废油桶，待统一处理。

④ 完工后清理工具，装回梯级防护板，将急停按钮复位，试运行后合上盖板。

31. 自动运行功能

1）用钥匙起动后，自动扶梯进入自动运行状态。

2）自动扶梯处于待机运行状态，模拟设备到达入口设定光电开关相交感应线时，目测其能否自动起动和加速。

3）检查设备在自动运行状态下按急停按钮停止运行后，是否不再自动起动。

4）当转为检修模式状态时，设备应不再执行自动运行功能。

32. 紧急停止开关

1）对于正常运行的自动扶梯，当按下急停按钮时，运行立即停止。

2）检查急停按钮颜色是否为红色，其附近是否有清晰的中文和英文标识（图 5-20）。

3）检查急停按钮的各端子是否紧固。

33. 驱动主机的固定

1）检查驱动主机是否有位移，用扳手拧紧驱动主机固定螺钉和限位螺钉，如图 5-21 所示。

图 5-20　检查急停按钮

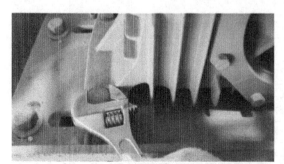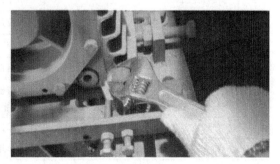

图 5-21　拧紧驱动主机固定螺钉和限位螺钉

2）检查驱动主机运行时是否有异常的振动和噪声。

 任务实施

步骤一：实训准备

1）准备实训设备与器材：

① YL-2170A 型教学用扶梯及其配套工具、器材。

② 自动扶梯维修保养通用的工具器材可参见表 B-3。

2）指导教师对学生进行分组，并进行安全与规范操作的教育。

3）检查学生穿戴的安全防护用品（包括工作服、安全帽和安全鞋）。

4）设置安全防护栏及安全警示标志，如图 4-6 所示。

5）向相关人员（如管理人员和乘用人员）询问扶梯的使用情况。

步骤二：半月保养操作

1）打开盖板，按下急停按钮，关闭电源，接入检修控制盒，并挂上警示牌。

2）按照 TSG T5002—2017《电梯维护保养规则》中的"自动扶梯半月维护保养项目（内容）和要求"，按照表 D-1 中所列的 33 个项目对自动扶梯进行半月维护保养。

3）完成维保工作后，检查收拾工具，将扶梯恢复正常运行，并取走安全护栏。

步骤三：填写半月维保记录单

维保工作结束后，维保人员应填写自动扶梯半月维保记录单（表 5-1）。

表 5-1　自动扶梯半月维保记录单

序号	维护保养项目(内容)	维护保养基本要求	完成情况	备注
1	电器部件	清洁,接线紧固		
2	故障显示板	信号功能正常		
3	设备运行状况	正常,没有异常声响和抖动		
4	主驱动链	运转正常,电气安全保护装置动作有效		
5	制动器机械装置	清洁,动作正常		
6	制动器状态检测开关	工作正常		
7	减速机润滑油	油量适宜,无渗油		
8	电动机通风口	清洁		
9	检修控制装置	工作正常		
10	自动润滑油罐油位	油位正常,润滑系统工作正常		
11	梳齿板开关	工作正常		
12	梳齿板照明	照明正常		
13	梳齿板梳齿与踏板面齿槽、导向胶带	梳齿板完好无损,梳齿板梳齿与踏板面齿槽、导向胶带啮合正常		
14	梯级或者踏板下陷开关	工作正常		
15	梯级或者踏板缺失检测装置	工作正常		
16	超速或非操纵逆转检测装置	工作正常		

（续）

序号	维护保养项目（内容）	维护保养基本要求	完成情况	备注
17	检修盖板和楼层板	防倾覆或者翻转措施和监控装置有效、可靠		
18	梯级链张紧开关	位置正确,动作正常		
19	防护挡板	有效,无破损		
20	梯级滚轮和梯级导轨	工作正常		
21	梯级、踏板与围裙板之间的间隙	任何一侧的水平间隙及两侧间隙之和符合标准值		
22	运行方向显示	工作正常		
23	扶手带入口处保护开关	动作灵活可靠,清除入口处垃圾		
24	扶手带	表面无毛刺,无机械损伤,运行无摩擦		
25	扶手带运行	速度正常		
26	扶手护壁板	牢固可靠		
27	上下出入口处的照明	工作正常		
28	上下出入口和扶梯之间保护栏杆	牢固可靠		
29	出入口安全警示标志	齐全,醒目		
30	分离机房、各驱动站和转向站	清洁,无杂物		
31	自动运行功能	工作正常		
32	紧急停止开关	工作正常		
33	驱动主机的固定	牢固可靠		

维修保养人员：　　　　　　　　　　　　　　　　　　日期：　　年　　月　　日

使用单位意见：

使用单位安全管理人员：　　　　　　　　　　　　　　日期：　　年　　月　　日

注：完成情况（完好打√，有问题打×，若有维修则请在备注栏说明）。

任务 5.2　自动扶梯的季度维护保养

 任务目标

应知

1. 熟悉自动扶梯维护保养的有关规定。

2. 掌握自动扶梯季度维保的内容和要求。

应会

1. 学会自动扶梯的维护保养操作。

2. 熟练掌握自动扶梯季度维保的操作步骤与方法。

 基础知识

自动扶梯季度维护保养的内容与要求

自动扶梯的季度维护保养是在扶梯每使用三个月需要进行的一项较为综合的维护保养。

自动扶梯的季度维护保养项目在半月保养项目的基础上，增加了对扶手带的运行速度、梯级链张紧装置、梯级轴衬、梯级链润滑及防灌水保护装置等部件的维保。具体保养的内容与要求如下：

1. 扶手带的运行速度

使用同步率测速仪分别测量左、右扶手带的速度，扶手带运行速度相对于梯级、踏板或者胶带的速度允差为 0 ~ +2%，如图 5-22所示。

2. 梯级链张紧装置

1）打开转向站盖板，按下急停按钮，拆除梯级防护板。

2）检查张紧装置各连接构成是否完好无损，若有部件损坏则应及时更换。

3）检查弹簧支架座是否固定良好，梯级链张紧装置与螺纹拉杆销轴的连接是否可靠。

4）检查梯级链张紧弹簧是否产生受力变形或有裂纹及拉杆螺纹是否有磨损。

图 5-22　测量扶手带速度

5）检查梯级链张紧度是否正常，如果出现松弛，则应对张紧装置进行调整，如图 5-23所示。

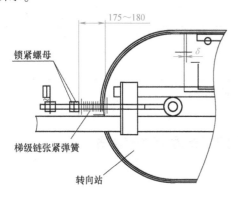

a) 张紧弹簧尺寸示意图(单位: mm)

b) 调整张紧弹簧

图 5-23　检查及调整梯级链张紧装置

6）装回挡尘板，恢复急停按钮，试运行正常后盖上转向站盖板。

3. 梯级轴衬

1）打开转向站盖板，按下急停按钮，插上检修控制盒，打开防护罩。

2）检修运行，在梯级反转位处目测检查，观察梯级在反转位时是否正常。

3）当梯级反转时有异响，按下急停按钮，断开主电源，将有异响的梯级拆出，检查轴衬是否磨损严重或损坏造成卡阻现象，如图 5-24所示。若轴衬有严重磨损或损坏则应及时更换，若轴衬转动不灵活则可以通过加润滑油解决，用手将其转动灵活后再将梯级重新装好。

4. 梯级链润滑

1）打开驱动站盖板，按下急停按钮，插上检修控制盒，打开防护罩。

2）按检修模式运行，检查梯级链是否有锈蚀、缺油、断裂和磨损现象。

3）检查自动供油油嘴位置，手动供油，观察油嘴出油量，确保梯级链润滑良好，如图 5-25 所示。

4）拆掉检修控制盒，装回防护罩，恢复急停按钮，盖上驱动站盖板，恢复运行。

图 5-24　检查轴衬

图 5-25　检查油嘴位置

5. 防灌水保护装置

1）打开转向站盖板，按下急停按钮。

2）打开水井防护罩，按检修模式运行，动作防灌水保护装置，检查该装置是否正常动作。

3）测试水位检测装置的动作是否灵活、有效。

 任务实施

步骤一：实训准备

1）准备实训设备与器材：

① YL-2170A 型教学用扶梯及其配套工具、器材。

② 自动扶梯维修保养通用的工具器材可参见表 B-3。

2）指导教师对学生进行分组，并进行安全与规范操作的教育。

3）检查学生穿戴的安全防护用品（包括工作服、安全帽和安全鞋）。

4）设置安全防护栏及安全警示标志，如图 4-6 所示。

5）向相关人员（如管理人员和乘用人员）询问扶梯的使用情况。

步骤二：季度保养操作

1）打开盖板，按下急停按钮，关闭电源，接入检修控制盒，并挂上警示牌。

2）按照 TSG T5002—2017《电梯维护保养规则》中的 "自动扶梯季度维护保养项目（内容）和要求"，按照表 D-2 中所列的五个项目对自动扶梯进行季度维护保养。

3）完成维保工作后，检查收拾工具，将扶梯恢复正常运行，并取走安全护栏。

步骤三：填写季度维保记录单

维保工作结束后，维保人员应填写自动扶梯季度维保记录单（表5-2）。

表 5-2 自动扶梯季度维保记录单

序号	维护保养项目(内容)	维护保养基本要求	完成情况	备注
1	扶手带的运行速度	相对于梯级、踏板或者胶带的速度允差为 0～+2%		
2	梯级链张紧装置	工作正常		
3	梯级轴衬	润滑有效		
4	梯级链润滑	运行工况正常		
5	防灌水保护装置	动作可靠(雨季到来之前必须完成)		
维修保养人员：		日期： 年 月 日		
使用单位意见：				
使用单位安全管理人员：		日期： 年 月 日		

注：完成情况（完好打√，有问题打×，若有维修则请在备注栏说明）。

任务5.3 自动扶梯的半年维护保养

学习目标

应知

1. 熟悉自动扶梯维护保养的有关规定。

2. 掌握自动扶梯半年维保的内容和要求。

应会

1. 学会自动扶梯的维护保养操作。

2. 熟练掌握自动扶梯半年维保的操作步骤与方法。

 基础知识

自动扶梯半年维护保养的内容与要求

自动扶梯的半年维护保养是自动扶梯在每使用半年需要进行的一项综合的维护保养。自动扶梯的半年维护保养项目在季度保养项目的基础上，增加了对制动衬厚度、主驱动链及主驱动链链条滑块等部件的维保。具体的保养内容与要求如下：

1. 制动衬厚度

1）打开驱动站盖板，按下急停按钮，断开主电源。

2）检查制动衬固定是否可靠制动臂转动是否灵活，如图 5-26a 所示。

3）用钢直尺测量制动器的制动衬厚度，如果小于原厚度的 70%，则应予更换，如图 5-26b 所示。

4）检查制动衬与制动轮表面，应清洁、无油污，制动轮与制动衬接触面应光滑。

a)检查制动臂转动是否灵活

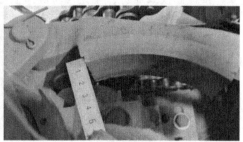
b)测量制动衬

图 5-26　检查测量制动衬

2. 主驱动链

1）断开电源，清理主驱动链表面的油污，并进行润滑。

2）检查主驱动链有无裂纹、锈蚀或缺油以及连接件是否灵活。

3）检查主驱动链的张紧程度，自动扶梯上行时链条松边下垂量的参考值为 10~14mm，如图 5-27 所示。

3. 主驱动链链条滑块

1）检查主驱动链条与滑块接触是否良好，根据情况对其进行调整。

2）检查滑块磨损情况，如果磨损量超过制造单位要求，则应更换，如图 5-28 所示。

3）用干净抹布将滑块表面清洁干净。

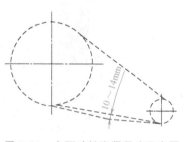
图 5-27　主驱动链张紧程度示意图

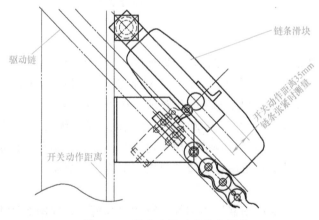
图 5-28　检查主驱动链链条滑块

4. 电动机与减速机联轴器

1）断开主电源，观察电动机与减速机联轴器连接是否无松动，弹性元件外观是否良好，有无老化等现象。

2）检查电动机转动时有无异常振动、撞击和异响。

5. 空载向下运行制动距离

1）用胶带标记梯级和围裙板在同一位置。

2）按检修模式运行，先让自动扶梯上行，然后下行。当梯级和围裙板上的标记点吻合时，按下急停按钮停梯，如图 5-29 所示。

3）测量两个标记之间的距离。自动扶梯在空载和有载向下运行时的制停距离应符合表 1-4 的要求。

4）制动距离可以通过调节制动器制动弹簧进行调整，若制动距离过大，则调紧弹簧；过小则调松弹簧。

a)梯级和围裙板相对应的位置做标记   b) 测量制动距离

图 5-29　测试制动距离

6. 制动器机械装置

1）制动器各转动部位的润滑良好，检查螺栓是否紧固有效，无松脱。

2）两人配合，一人手动松开抱闸，另一人检查制动器机械装置各转动部位是否灵活，用塞尺测量制动瓦与制动轮的间隙是否符合要求（0.35 ~ 0.70mm），制动器处于抱闸状态时，制动轮与制动衬的接触面应不少于 80%，可通过磁心的伸缩行程进行相应调整。

3）插上检修控制盒，点动运行自动扶梯，检查制动器的开闸和闭合是否同步。

4）检查制动衬，若其磨损量超过制造单位要求则应进行更换。

7. 附加制动器

1）断开主电源，对附加制动器运动部件进行润滑和清洁，如图 5-30 所示。

2）断开主电源时观察制动块能否立即可靠地在弹簧力的作用下弹出。然后开启主电源，观察制动块能否在电磁力的作用下完全收起，确认制动块收放有无卡阻现象，连接件有无松动。

3）断开主电源，一名维保人员张开驱动主机的制动器并保持；另一名维保人员盘车使梯级缓慢向下转动，若制动块卡住主驱动轮盘上的挡块，则扶梯不能继续往下盘动。确认附加制动器有效。

4）向上盘车即可将附加制动器的制动块复位。

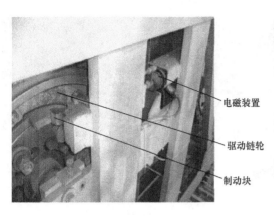

a) 附加制动器结构图

电磁装置

驱动链轮

制动块

b) 制动块卡住挡块

c) 制动块收起

图 5-30　检查附加制动器动作状态

8. 减速机润滑油

1）断开主电源，拔出油标尺，用干净抹布将油标尺擦干净后，再次测量油量是否在刻度范围内，如果油量在油标尺刻度范围的下限外，则需按制造单位规定的油品添加润滑油。

2）检查减速机输出、输入轴油封是否渗油。

3）打开减速机注油口盖，检查油的黏度，查看上次换油的时间，按厂家规定的期限换上合格的润滑油，如图 5-31 所示。

a) 观察润滑油

b) 检查润滑油的黏度

图 5-31　检查润滑油

9. 调整梳齿板梳齿与梯级齿槽啮合深度和间隙

1）打开驱动站盖板，按下急停按钮，插上检修控制盒。

2）用楔形塞尺测量梯级的齿槽与梳齿板的啮合深度是否不小于 4mm，若小于 4mm，则按下述步骤进行调整：

① 拆除围裙板，调整前沿板两端垂直螺栓的高低，使梳齿与梯级的啮合深度不小于

4mm，如图 5-32a 所示。

a) 调整梳齿板的高低位置

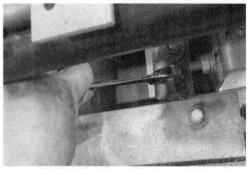

b) 调整梳齿板的左右位置

图 5-32　调整梳齿板

② 调整前沿板两端横向螺栓的左右移动，使梳齿板调整到梯级踏板面齿槽中间，两边间隙相当，如图 5-32b 所示。

③ 松开急停按钮，按检修速度运行设备，观察梳齿板与梯级踏板面齿槽是否有摩擦。

3）调整完毕后，做相应的恢复。

10. 扶手带张紧弹簧调整

1）断开主电源，按下急停按钮，插上检修控制盒，拆除三个连续梯级。

2）检修点动将卸下的梯级部位移动到扶手带驱动链正上方。

3）检查张紧弹簧的长度。弹簧的张紧长度需控制在 55~60mm 范围内（图 5-33）。

4）重新装好拆卸的部件，先按检修模式试运行，然后正常状态试运行。

11. 扶手带速度监控系统

现场检测时可以将扶手带人为放松或用足够的外力使其部分打滑，达到欠速状态，在扶梯起动达到额定速度后会检测到扶手带欠速，扶梯停车，安全功能控制器断开 1.2 倍安全继电器。此故障为非断电保持，扶梯无法运行。断开电源或按下复位按钮，并保持 3s，即可恢复正常，如图 5-34 所示。

图 5-33　测量张紧弹簧尺寸

图 5-34　扶手带测速装置

12. 梯级踏板加热装置

检查梯级踏板加热装置接线是否牢固，触发温度感应器测试加热装置是否有效（此装置在冬季到来之前必须完成测试）。

任务实施

步骤一：实训准备

1）准备实训设备与器材：

① YL-2170A 型教学用扶梯及其配套工具、器材。

② 自动扶梯维修保养通用的工具器材可参见表 B-3。

2）指导教师对学生进行分组，并进行安全与规范操作的教育。

3）检查学生穿戴的安全防护用品（包括工作服、安全帽和安全鞋）。

4）设置安全防护栏及安全警示标志，如图 4-6 所示。

5）向相关人员（如管理人员和乘用人员）询问扶梯的使用情况。

步骤二：半年保养操作

1）打开盖板，按下急停按钮，关闭电源，接入检修控制盒，并挂上警示牌。

2）按照 TSG T5002—2017《电梯维护保养规则》中的"自动扶梯半年维护保养项目（内容）和要求"，按照表 D-3 中所列的 12 个项目对自动扶梯进行半年维护保养工作。

3）完成维保工作后，检查收拾工具，将扶梯恢复正常运行，并取走安全护栏。

步骤三：填写半年维保记录单

维保工作结束后，维保人员应填写自动扶梯半年维保记录单（表 5-3）。

表 5-3　自动扶梯半年维保记录单

序号	维护保养项目(内容)	维护保养基本要求	完成情况	备注
1	制动衬厚度	不小于制造单位要求		
2	主驱动链	清理表面油污,润滑		
3	主驱动链链条滑块	清洁,厚度符合制造单位要求		
4	电动机与减速机联轴器	连接无松动,弹性元件外观良好,无老化等现象		
5	空载向下运行制动距离	符合标准值		
6	制动器机械装置	润滑,工作有效		
7	附加制动器	清洁和润滑,功能可靠		
8	减速机润滑油	按照制造单位的要求进行检查、更换		
9	调整梳齿板梳齿与踏板面齿槽啮合深度和间隙	符合标准值		
10	扶手带张紧度张紧弹簧负荷长度	符合制造单位要求		
11	扶手带速度监控系统	工作正常		
12	梯级踏板加热装置	功能正常,温度感应器接线牢固(冬季到来之前必须完成)		

维修保养人员：　　　　　　　　　　　　　　　　　　日期：　　年　　月　　日

使用单位意见：

使用单位安全管理人员：　　　　　　　　　　　　　　日期：　　年　　月　　日

注：完成情况（完好打√，有问题打×，若有维修则请在备注栏说明）。

任务 5.4　自动扶梯的年度维护保养

任务目标

应知

1. 熟悉自动扶梯维护保养的有关规定。

2. 掌握自动扶梯年度维保的内容和要求。

应会

1. 学会自动扶梯的维护保养操作。

2. 熟练掌握自动扶梯年度维保的操作步骤与方法。

 基础知识

自动扶梯年度维护保养的内容与要求

自动扶梯的年度维护保养是自动扶梯在每使用一年需要进行的一项综合的维护保养。自动扶梯的年度维护保养项目在半年保养项目的基础上，增加了对主接触器、主机、电缆、扶手带托轮、滑轮群和防静电轮等部件的维保。具体的保养内容与要求如下：

1. 主接触器

1）打开驱动站盖板，断开主电源，打开电气控制箱。

2）清洁电气控制箱及主接触器表面灰尘，检查并紧固主接触器与接线端子。

3）接通电源，起动设备，使其以正常速度运行，观察主接触器吸合与释放是否正常，工作时是否有异响。

4）停止设备运行，断开主电源，检查主接触器表面是否存在异常温升，当主接触器工作时有异响或异常温升时应及时修理或更换。

2. 主机速度检测功能

1）检查主机速度检测装置是否紧固（图 5-35）。

2）清洁电感式接近开关的污迹，检查感应间隙是否符合制造单位要求。

3）移动其中一个测速装置，自动扶梯应不能运行。

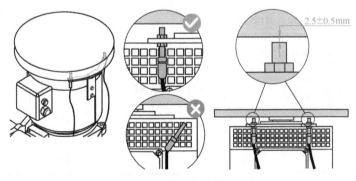

图 5-35　主机速度检测装置示意图

3. 电缆

1）检查电缆是否紧固良好，必要时要进行固定，清洁电缆表面灰尘。

2）检查电缆是否老化或破损，如图 5-36 所示。

3）接通电源，起动设备运行 10min，停止后用手触摸感觉电缆是否有异常温升。

图 5-36 检查电缆

4. 扶手带托轮、滑轮群和防静电轮

1）打开驱动站盖板，按下急停按钮，断开主电源，拆除侧板，必要时拆开一段扶手带。

2）清洁扶手带托轮、滑轮群和防静电轮表面的灰尘。

3）检查扶手带托轮、滑轮群和防静电轮是否有变形或损伤，如图 5-37 所示。

4）用手转动每个扶手带托轮、滑轮群和防静电轮，检查其是否转动灵活，无卡阻，无异响。

图 5-37 检查扶手带托轮、滑轮群和防静电轮

5. 扶手带内侧凸缘处

1）检查扶手带内侧有无磨损，清洁扶手导轨滑动面的污迹和灰尘。

2）检查扶手带导轨连接口是否紧固、平滑。

3）扶手导轨内部的连接件不能超过扶手导轨顶面与侧面，如图 5-38 所示。

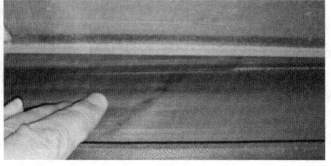

图 5-38 扶手带接驳处

6. 扶手带断带保护开关

1）断开主电源，将扶手带断带保护开关位置侧板拆除。

2）检查扶手带断带保护开关是否紧固可靠，与扶手带配合间距是否正常。

3）人为动作扶手带断带保护开关的功能是否正常有效，如图5-39所示。

7. 扶手带导向块和导向轮

1）拆除侧板，清除扶手带导向块和导向轮灰尘和污迹。

2）检查导向块和导向轮有无过量磨损，如图5-40所示。

3）用手转动扶手带导向轮，导向轮应转动灵活、无卡阻、无异响。

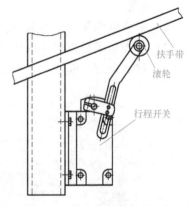

图 5-39 扶手带断带保护开关

a) 扶手带导向轮

b) 扶手带导向块

图 5-40 扶手带导向装置

8. 进入梳齿板处的梯级与导轮的轴向窜动量

1）起动自动扶梯，使其正常运行，目测检查梯级进入梳齿板处导向轮时的状态是否平稳、无抖动、无异响。

2）若有异响，则调整梯级导向轮与梯级间隙为1mm，减少轴向窜动，如图5-41所示。

9. 内、外盖板连接

检查内、外盖板连接紧密牢固，连接处的接口、缝隙应符合制造单位要求。

10. 围裙板安全开关

1）检查围裙板安全开关是否紧固，与围裙板的间隙是否为1~2mm。

2）在围裙板安全开关位置轻压，听围裙板安全开关动作的响声，如图5-42所示。

3）检修运行扶梯不能起动，按上述步骤重复检查其余三处。

图 5-41 调整梯级导向轮

a)围裙板安全开关安装位置

b) 撬压围裙板

图 5-42 测速围裙板安全开关

11. 围裙板对接处

1）拆除三个连续梯级，检修点动将空位移到相邻两块拼接口处，按下急停按钮。

2）检查两块围裙板拼接处是否平滑，用钢直尺测量拼接处台阶是否符合不超过 0.5mm、围裙板之间间隙不超过 1mm 的要求。

3）检查围裙板固定的情况。

12. 电气安全装置

1）断开主电源，拆除三个梯级。

2）按检修模式运行，根据从下到上的顺序，依次检查自动扶梯各电气安全装置的固紧、开关的动作距离，人为动作测试其可靠性。

3）如果测试时安全开关不能在安全技术规范、标准及制造单位要求范围动作，则应立即进行安全开关检查，看其间隙是否符合要求，或者安全开关损坏，应及时进行间隙调整或更换。

4）测量电气回路和控制回路的绝缘电阻，应符合标准要求（动力回路绝缘电阻 ≥ 0.5MΩ，控制回路绝缘电阻 ≥ 0.25MΩ）。

13. 设备运行状况

1）用钥匙开关操纵自动扶梯以正常速度上下运行，至少每个方向运行一个循环以上。

2）上、下来回乘坐扶梯（每个方向至少一次），观察扶梯运行状况，观察与感觉扶手带与梯级在运行过程中是否有异常的跳动、振动、抖动和刮碰现象。

3）注意听上（下）运行时驱动站、转向站、梯级与上（下）梳齿之间、梯级与围裙板之间以及梯级与梯级之间是否有异响。

4）观察扶手带与梯级速度是否同步。

5）在扶梯上、下出口处观察梯级与梳齿板的啮合情况。

6）乘梯观察梯级与围裙板或毛刷（胶条）的间隙。

 任务实施

步骤一：实训准备

1）准备实训设备与器材：

① YL-2170A 型教学用扶梯及其配套工具、器材。

② 自动扶梯维修保养通用的工具器材可参见表 B-3。

2）指导教师对学生进行分组，并进行安全与规范操作的教育。

3）检查学生穿戴的安全防护用品（包括工作服、安全帽和安全鞋）。

4）设置安全防护栏及安全警示标志，如图 4-6 所示。

5）向相关人员（如管理人员和乘用人员）询问扶梯的使用情况。

步骤二：年度保养操作

1）打开盖板，按下急停按钮关闭电源，接入检修控制盒，并挂上警示牌。

2）按照 TSG T5002—2017《电梯维护保养规则》中的"自动扶梯年度维护保养项目（内容）和要求"，按表 D-4 中所列的 13 个项目对自动扶梯进行年度维护保养。

3）完成维保工作后，检查收拾工具，将扶梯恢复正常运行，并取走安全护栏。

步骤三：填写年度维保记录单

维保工作结束后，维保人员应填写自动扶梯年度维保记录单（表 5-4）。

表 5-4 自动扶梯年度维保记录单

序号	维护保养项目(内容)	维护保养基本要求	完成情况	备注
1	主接触器	工作可靠		
2	主机速度检测功能	功能可靠,清洁感应面、感应间隙符合制造单位要求		
3	电缆	无破损,固定牢固		
4	扶手带托轮、滑轮群和防静电轮	清洁,无损伤,托轮转动平滑		
5	扶手带内侧凸缘处	无损伤,清洁扶手导轨滑动面		
6	扶手带断带保护开关	功能正常		
7	扶手带导向块和导向轮	清洁,工作正常		
8	进入梳齿板处的梯级与导轮的轴向窜动量	符合制造单位要求		
9	内外盖板连接	紧密牢固,连接处的凸台、缝隙符合制造单位要求		
10	围裙板安全开关	测试有效		
11	围裙板对接处	紧密平滑		
12	电气安全装置	动作可靠		
13	设备运行状况	正常,梯级运行平稳,无异常抖动,无异常声响		

维修保养人员：⁣ 　　　　　　　　　　　　　　　日期：　年　月　日

使用单位意见：

使用单位安全管理人员：⁣ 　　　　　　　　　　　　日期：　年　月　日

注：完成情况（完好打√，有问题打×，若有维修则请在备注栏说明）。

阅读材料

阅读材料 5.1　电梯的安全使用

《中华人民共和国特种设备安全法》规定，经特种设备检验机构检验合格的垂直电梯、自动扶梯和自动人行道，须将安全使用说明、安全注意事项和警示标志、定期检验标志置于易于被乘客注意的位置。但经调查发现，一些地方的小区和写字楼的电梯往往存在年检过期而未及时检验的情况。

电梯不能定期年检，就可能存在安全隐患，翻看近年来与电梯有关的新闻，频发的电梯事故更是令人触目惊心。为确保电梯安全万无一失，需要补课的有很多群体。

电梯业主方和物业需要补课。他们最需要"补"的是安全意识，是维护电梯安全的责任感以及向公众普及安全乘坐电梯知识。乘坐飞机时，乘务员会在起飞前照例播放或演示安全须知；同理，电梯的显要位置，也应该有更为详尽的安全说明，帮助公众了解如何安全乘坐电梯，发生意外时又该如何自保自救。

公众需要补课。现实中不少人对电梯的使用和相关安全知识了解不多，或者心存侥幸，如果所有人都能够对电梯安全有更多的了解，那么事故发生的可能就会减小很多。比如乘坐垂直电梯时，有人有意伸手去拦挡电梯门；乘坐自动扶梯时，有人将手伸出扶手装置之外，或者在扶梯上行走甚至跑动。这些非常危险的动作说明这些人根本没有安全乘坐电梯的常识。

因此，通过学习电梯相关知识，可以更多地了解电梯安全知识，将正确使用电梯的方式不断推广，避免乘梯事故的发生。对于电梯维保作业人员，确保电梯安全运行是工作职责；对于乘客，安全乘梯既保护自己人身安全又可以使电梯安全运行。

项目总结

维护保养单位只有对自动扶梯和自动人行道进行及时到位合理的维护保养，才能使设备少发生或者不发生故障或事故。扶梯事故率、维修费用和使用寿命是衡量一部扶梯运行质量的重要参数。TSG T5002—2017《电梯维护保养规则》对自动扶梯和自动人行道的维护保养项目和时间间隔都做了详细具体的规定，有半月、季度、半年和全年维保，总计63个维保项目。其中许多重点维保项目都与扶梯的运行安全密切相关，如对各安全保护装置的定期检修保养以及对一些安全防护设施的维护，这些装置一旦失效或损坏，将直接影响扶梯的安全运行，甚至会发生安全事故。所以一定要严格按照规定做好自动扶梯和自动人行道的维护保养工作。

按照 GB 16899—2011《自动扶梯和自动人行道的制造与安装安全规范》，自动扶梯或自动人行道进行维护后，维护人员必须观察梯级或踏板运行一个完整的循环后，才能将自动扶梯和自动人行道投入使用。

思考与练习题

5-1　填空题

1. 按照 TSG T5002—2017《电梯维护保养规则》，自动扶梯（自动人行道）的维护保养分为_____、_____、_____和_____维保。

2. 观察扶梯运行状况时，应该乘坐自动扶梯上、下来回至少一次，观察与感觉扶手带与梯级在运行过程中是否有异常的_____、_____、_____和_____现象。

3. 按照 GB 16899—2011《自动扶梯和自动人行道的制造与安装安全规范》，对自动扶梯或自动人行道进行维护后，维护人员必须_____，才能将自动扶梯和自动人行道投入使用。

5-2　选择题

1. （　　）保养是自动扶梯进行维护保养的基础项目。

A. 半月　　　　B. 季度　　　　C. 半年　　　　D. 年度

2. 在观察扶梯的运行状况时，应该用钥匙开关操纵自动扶梯以正常速度上、下运行，至少每个方向运行（　　）个循环以上。

A. 1　　　　　B. 2　　　　　C. 3　　　　　D. 4

3. 按检修模式操纵自动扶梯，观察制动器铁心与检测开关是否同步，检测开关动作在（　　）mm 范围内。

A. 1.5~2.0　　B. 1.6~2.0　　C. 1.7~2.0　　D. 1.8~2.0

4. 梳齿板开关压缩弹簧的长度为（　　）mm。

A. 45~49　　　B. 46~50　　　C. 47~51　　　D. 48~52

5. 在地面测出梳齿板梳齿相交线处的光照度至少为（　　）lx。

A. 30　　　　　B. 40　　　　　C. 50　　　　　D. 60

6. 梳齿板底部到梯级槽面的距离不能大于（　　）mm。

A. 1　　　　　B. 2　　　　　C. 3　　　　　D. 4

7. 自动扶梯或自动人行道的围裙板设置在梯级、踏板或胶带的两侧，任何一侧的水平间隙不应大于（　　）mm，在两侧对称位置处测得的间隙总和不应大于（　　）mm。

A. 4　　　　　B. 5　　　　　C. 6　　　　　D. 7

8. 护壁板两块玻璃之间的间隙应在（　　）mm 范围内。

A. 1.0~2.0　　B. 1.5~2.5　　C. 2.0~3.0　　D. 2.5~3.5

9. 梯级链张紧装置的弹簧刻度尺应在（　　）mm 范围内。

A. 160~165　　B. 165~170　　C. 170~175　　D. 175~180

10. 测量制动器的制动衬厚度，如果小于原厚度（　　）%，则应予更换。

A. 50　　　　　B. 60　　　　　C. 70　　　　　D. 80

11. 主驱动链的张紧程度以自动扶梯上行时，链条松边的下垂量在（　　）mm 之间为准。

A. 10~14　　　B. 10~15　　　C. 10~16　　　D. 10~17

12. 扶手带张紧弹簧的张紧长度需控制在（　　　）mm 范围内。

A. 40~45　　　B. 45~50　　　C. 50~55　　　D. 55~60

5-3　判断题

1. 按照 TSG T5002—2017《电梯维护保养规则》的要求，自动扶梯的季度维护保养项目（内容）和要求除符合表 D-1 半月维护保养的项目（内容）和要求外，还应当符合表 D-2 季度维护保养项目（内容）和要求。（　　　）

2. 在进行维护保养时，不需要停止自动扶梯的运行。（　　　）

3. 如果扶梯被拆去一个梯级，则当扶梯运行到梯级缺失空位处应该停止运行。（　　　）

4. 打开检修盖板和楼层板，自动扶梯也不应停止运行。（　　　）

5. 在扶梯上段、中段、下段三个位置，使用斜塞尺测量同一级梯级与围裙板的间隙，应取测量的最小值。（　　　）

6. 扶梯在自动运行状态下用钥匙或按急停按钮停止运行后，应不再自动起动。（　　　）

5-4　综合题

1. 试述对自动扶梯进行维护保养的重要性。

2. 试述测量梯级与围裙板间隙的操作步骤。

3. 试述对扶手带驱动轮进行维护保养的操作步骤。

4. 试述对梯级链张紧装置进行维护保养的操作步骤。

5. 试述自动扶梯润滑系统的构成和维护保养的操作步骤。

5-5　学习记录与分析

1. 分析表 5-1 中记录的内容，小结半月维护保养项目的操作过程与要领。

2. 分析表 5-2 中记录的内容，小结季度维护保养项目的操作过程与要领。

3. 分析表 5-3 中记录的内容，小结半年维护保养项目的操作过程与要领。

4. 分析表 5-4 中记录的内容，小结年度维护保养项目的操作过程与要领。

5-6　试叙述对本项目与实训操作的认识、收获与体会

附录　亚龙 YL-2170A 型教学用扶梯简介

附录 A　亚龙 YL 系列电梯教学设备

亚龙 YL 系列电梯教学设备目前共有 26 种产品（表 A-1）。其中 YL-2170A 型自动扶梯为"亚龙杯"职业院校机电类专业教师教学能力大赛电梯安装与维修赛项的竞赛设备。

表 A-1　亚龙 YL 系列电梯教学设备

序号	设备型号	设备名称	主要实训项目
1	YL-777	电梯安装、维修与保养实训考核装置	28
2	YL-770	电梯电气安装与调试实训考核装置	7
3	YL-771	电梯井道设施安装与调试实训考核装置	12
4	YL-772	电梯门机构安装与调试实训考核装置	12
5	YL-772A	电梯门系统安装实训考核装置	11
6	YL-773	电梯限速器安全钳联动机构实训考核装置	12
7	YL-773A	电梯限速器安全钳联动机构实训考核装置	6
8	YL-774	电梯曳引系统安装实训考核装置	18
9	YL-775	万能电梯门系统安装实训考核装置	17
10	YL-2170A	自动扶梯维修与保养实训考核装置	17
11	YL-778	自动扶梯维修与保养实训考核装置	15
12	YL-778A	自动扶梯梯级拆装实训装置	5
13	YL-779	电梯曳引绳头实训考核装置	3
14	YL-779A~M	电梯基础技能实训考核装置	35
15	YL-780	电梯曳引机解剖装置	—
16	YL-2190A	电梯井道设施安装实训考核装置	10
17	YL-2086A	电梯曳引机安装与调试实训考核装置	5
18	YL-2189A	电梯限速器安全钳联动机构实训考核装置	6
19	YL-2187A	电梯门系统安装与调试实训考核装置	20
20	YL-2187C	电梯层门安装实训考核装置	10
21	YL-2187D	电梯轿门安装与调试实训考核装置	10
22	YL-2196A	现代智能物联网群控电梯电气控制实训考核装置	16
23	YL-2195D	现代电梯电气控制实训考核装置	12

（续）

序号	设备型号	设备名称	主要实训项目
24	YL-2195E	现代智能物联网电梯电气控制实训考核装置	14
25	YL-2197C	电梯电气控制装调实训考核装置	12
26	YL-SWS27A	电梯 3D 安装仿真软件	10

注：以设备说明书为准。

附录 B　亚龙 YL-2170A 型自动扶梯维修与保养实训考核装置

一、产品概述

亚龙 YL-2170A 型自动扶梯维修与保养实训考核装置（以下简称 YL-2170A 型扶梯）的外观如图 B-1 所示，该装置是根据自动扶梯安装、维修与保养职业岗位要求，按照相关国家标准和职业考核鉴定标准开发的教学设备，适合于各类职业院校和技工院校电梯类专业，建筑设备、楼宇智能化专业和机电类专业以及职业资格鉴定中心和培训考核机构教学使用。

图 B-1　YL-2170A 型扶梯的外观

整个装置由金属骨架、曳引装置、驱动装置、扶手驱动装置、梯路导轨、梯级传动链、梯级、梳齿前沿板、电气控制系统和润滑系统等部分组成。

二、主要技术参数

（1）工作电源　三相五线，AC 380V/220V，50Hz。

（2）工作环境　温度 -10 ~ +40℃；湿度小于 95%RH，无水珠凝结；海拔小于 1000m；环境空气中不应含有腐蚀性和易燃性气体。

（3）扶梯提升高度　1000mm。

（4）倾斜度　35°。

（5）梯级宽度　800mm。

（6）运行速度　≤0.5m/s。

（7）额定功率　5.5kW。

（8）额定电压　AC 380V，50Hz。

（9）运行噪声　≤60dB。

（10）外形尺寸　长×宽×高＝9000mm×3300mm×3800mm。

（11）安全保护　接地，漏电，过电压，过载，短路。

（12）对安装场地的基本要求：

1）实训室最小空间要求：长×宽×高≥10m×5m×4.2m。

2）实训室入口的开门尺寸要求：宽×高≥3m×3m。

三、可开设的主要实训项目（表 B-1）

表 B-1　YL-2170A 型扶梯可开设的主要教学实训项目

序号	实 训 项 目
1	自动扶梯的安全操作与使用实训
2	自动扶梯维修保养前基本安全操作实训
3	梯级的拆装操作实训
4	梳齿板的调整实训
5	梳齿前沿板的调整实训
6	扶手带的调整实训
7	梯级链张紧装置的调整实训
8	驱动链的调整实训
9	制动器的调整实训
10	附加制动器的调整实训
11	自动扶梯日常维护保养实训
12	自动扶梯紧急救援实训
13	自动扶梯安全回路故障查找及排除实训
14	自动扶梯检修电路故障查找及排除实训
15	自动扶梯安全监控电路故障查找及排除实训
16	自动扶梯动力电路故障查找及排除实训
17	自动扶梯控制电路故障查找及排除实训

四、设备配置（表 B-2）

表 B-2　YL-2170A 型扶梯设备配置一览表

序号	名称	主要技术指标	数量	单位	备注
1	扶梯框架	材料:Q235 标准型钢;表面喷漆处理	1	套	扶梯框架采用 Q235 标准型钢,平台周围设有扶手及防护栏
2	金属桁架	厂商:苏州/快通;型号:TET;材料:Q235A 标准角钢;表面喷漆处理	1	套	含梯路导轨
3	驱动主机	厂商:天津/佳利;型号:TJ-400;最大输出转速:39.18r/min;额定电压:AC 380V;额定输出转矩:3100N·m;电动机功率:5.5kW;减速机减速比为 24.5:1;制动型号:BRA600;制动器工作电压:AC 220V	1	套	含电动机、减速机、制动器、附加制动器
4	驱动链	厂商:苏州/巨人动力;型号:20A-2;节距:31.75mm	2	条	
5	梯级	厂商:苏州/飞亚;型号:FY-TJ800;材料:AlSi12(铝合金);倾斜角:35°;梯级宽度:802.5mm;梯级深度:404mm	若干	个	
6	梯级传动链	厂商:苏州/巨人动力;型号:T133-135;节距:133.33mm;梯级距:400mm;滚轮直径:φ70mm;轮缘宽度:25mm;轮缘材料:聚氨酯;滚轮轴承型号:6240-2RS	2	条	
7	张紧装置	梯级链轮齿数:16;单位节距分度圆直径:5.1258mm	1	套	含梯级链轮、轴、张紧小车以及梯级链的弹簧等
8	扶手带	厂商:上海/怀达;型号:SDS;抗拉强度:≥25.0kN/cm²;扶手宽度:79mm;内口宽度:62mm;内口深度:10.6mm	2	条	
9	扶手带摩擦轮	材料:铸铁衬橡胶	2	个	
10	扶手导轨	导轨材料:Q235	4	套	含冷拉金属导轨和滚动轴承尼龙导轮
11	扶手玻璃	厂商:苏州/山川精工;材料:钢化玻璃;厚度:10mm	1	套	
12	围裙板	表面材质:不锈钢;表面处理方式:发纹	1	套	
13	电气控制箱	厂商:苏州/快通;型号:TKD-200;控制方式:VVVF;PLC:欧姆龙 CP1E;安全监控系统:默纳克 MCTC-PES-E1	1	套	接触器:施耐德;继电器:施耐德
14	附加制动器	制动力矩:8667.15N·m;工作电压:AC 220V	1	套	
15	自动润滑装置	自动润滑系统	1	套	含润滑泵、滤油器、分油块、毛刷及油管等
16	楼层板	表面材质:不锈钢;表面处理方式:防滑花纹板	1	套	
17	上下前沿板保护开关	型号:TR236	6	只	
18	附加制动器检测开关	型号:TS236	1	套	

（续）

序号	名称	主要技术指标	数量	单位	备注
19	上下出入口安全开关	型号：TR236	4	只	
20	上下围裙板安全开关	型号：TR236	4	只	
21	驱动链安全开关	型号：ZR236 或 QM-ZV10H236-2z	1	只	
22	梯级缺失传感器	型号：E2B-M30LN30-WP-C1MNK	2	只	
23	梯级链安全开关	型号：ZR236 或 UKS	1	只	
24	梯级下陷安全开关	型号：ZR236 或 UKS	2	只	
25	手动盘车工具		1	套	
26	实训工具		1	套	见表 B-3
27	随机资料	相关说明书及图样	1	套	

五、设备附件（表 B-3）

表 B-3　YL-2170A 型扶梯设备附件一览表

序号	名称	型号/规格	数量	单位	备注
1	安全帽		2	顶	红色
2	安全带	全身式带缓冲包	2	套	
3	隔离带	警戒线护栏	2	个	
4	电梯维修围挡	宽 1500mm×高 900mm	1	套	
5	"危险勿靠近"告示牌	610mm×293mm	1	张	
6	挂锁标签牌	145mm×75mm	1	个	
7	绝缘安全挂锁	6mm 锁钩直径	1	把	
8	剪刀式六孔搭扣锁	1″(英寸)[①]	1	把	
9	扶梯起动钥匙		2	把	
10	水平尺	600mm 盒式	1	把	
11	角尺	150mm×300mm	1	把	铝合金底座不锈钢
12	直尺	300mm	1	把	不锈钢
13	卷尺	3m	1	把	
14	塞尺	0.5~1mm	1	把	14 片
15	斜塞尺	1~15mm	1	把	
16	圆头锤	24oz[②]	1	把	
17	胶锤	24oz[②]	1	把	
18	公制精抛光两用长扳手	8mm、10mm、13mm、14mm、16mm、17mm、18mm、19mm、21mm、22mm、24mm	各 1	把	

（续）

序号	名称	型号/规格	数量	单位	备注
19	公制精抛光棘开两用长快扳手	10mm、13mm、16mm、17mm、18mm	各 1	把	
20	活扳手	12 英寸①	1	把	
21	T 型内六角扳手	5mm	1	把	
22	9 件套公制加长内六角扳手	1.5mm、2mm、2.5mm、3mm、4mm、5mm、6mm、8mm、10mm	各 1	把	
23	L 型铣口套筒扳手	13mm、14mm、16mm、18mm、19mm	各 1	把	
24	双色柄一字螺钉旋具	5mm×100mm	1	把	
25	双色柄十字螺钉旋具	Ph0mm×75mm Ph1mm×100mm	各 1	把	
26	双色柄平行一字螺钉旋具	2.5mm×75mm	1	把	
27	双色柄多用尖嘴钳	6″（英寸）①	1	把	
28	斜口钳	5″（英寸）①	1	把	
29	鲤鱼钳	5″（英寸）①	1	把	
30	测电笔	70mm	1	支	
31	记号笔		1	支	
32	电工绝缘胶带	19mm×9m	1	卷	黑色
33	毛刷	1.5″（英寸）①	1	把	
34	数字万用表	MY60	1	台	
35	钳形电流表	MS2026 型　6A/60A/600A/1000A　6V/60V/600V	1	台	
36	绝缘电阻表	ZC11-8 型　500V　0~100MΩ	1	台	
37	转速表	DT2235B	1	台	
38	机油壶	350502	1	个	
39	扭力扳手	1~25N·m	1	把	
40	黄油枪	500mL 尖嘴（299005）	1	支	
41	大力钳	10″（英寸）①	1	把	圆口带刃,带自锁功能
42	游标卡尺	数显 0~200mm	1	把	
43	盖板打开工具		2	个	
44	维修灯		1	个	
45	手电筒		1	个	
46	工具箱	17″（英寸）①	2	个	

① 1 英寸 = 2.54cm。
② 1oz = 28.3495g。

六、YL-2170A 扶梯电气原理图（图 B-2～图 B-7）

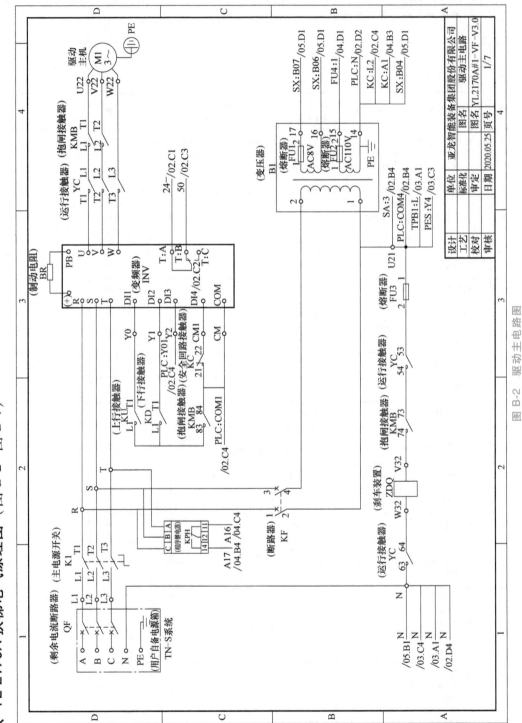

图 B-2 驱动主电路图

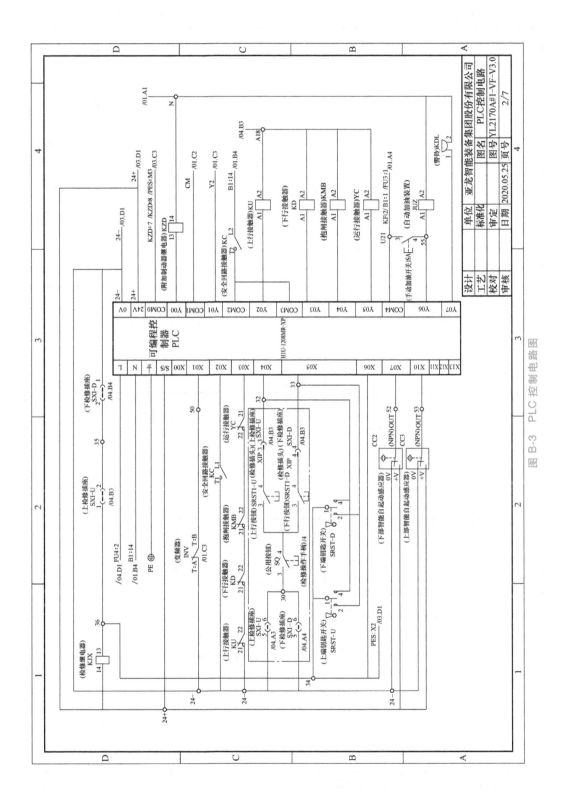

图 B-3 PLC 控制电路图

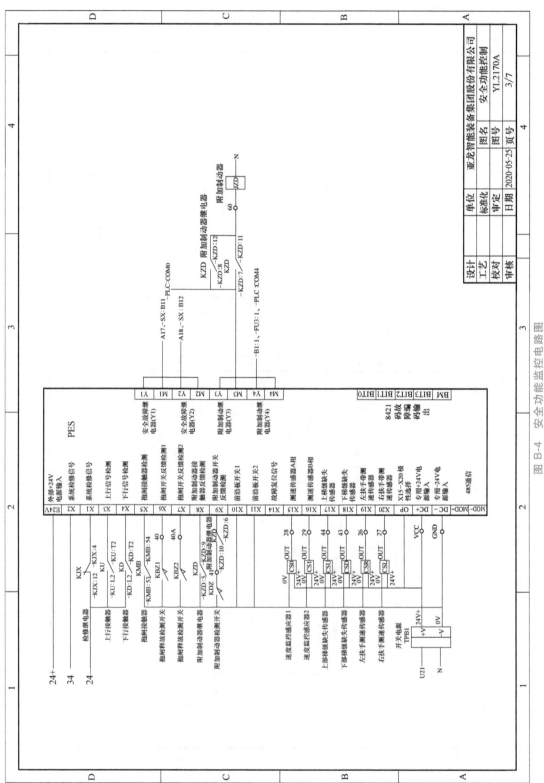

图 B-4 安全功能监控电路图

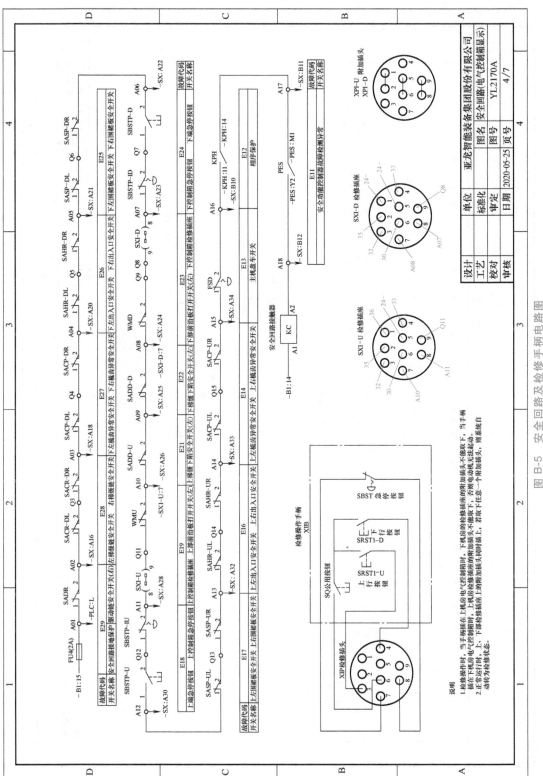

图 B-5　安全回路及检修手柄电路图

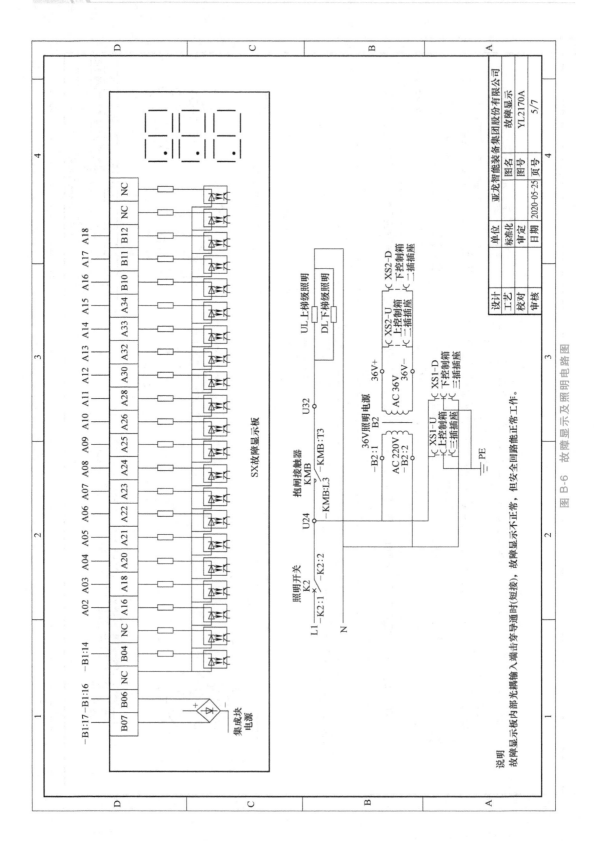

图 B-6 故障显示及照明电路图

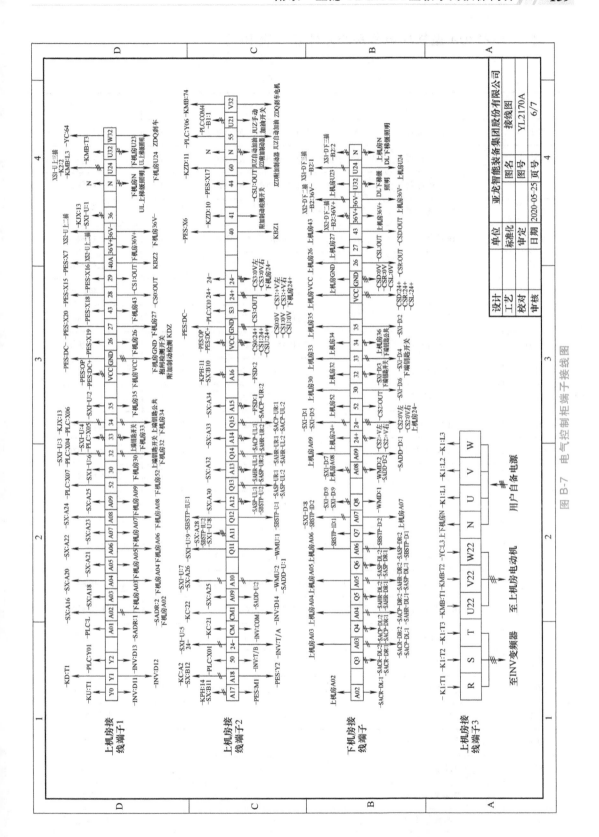

图 B-7　电气控制柜端子接线图

七、YL-2170A 型扶梯电气系统元件表（表 B-4）

表 B-4　YL-2170A 型扶梯电气系统元件表

代号	名称	型号规格	数量	安装位置
KU	上行接触器	施耐德 LC1E06-N　AC 110V	1	上控制箱
KD	下行接触器	施耐德 LC1E06-N　AC 110V	1	上控制箱
YC	运行接触器	施耐德 LC1E25-N　AC 110V	1	上控制箱
KMB	抱闸接触器	施耐德 LC1E25-N　AC 110V	1	上控制箱
KJX	检修继电器	HHC68B-2Z　DC 24V	1	上控制箱
KPH	相序继电器	SW11	1	上控制箱
FU3-FU4	熔断器	RT18-32　2A	2	上控制箱
XS1-U	三插插座	CY1B-45　AC 220V	1	上控制箱
XS1-D	三插插座	CY1B-45　AC 220V	1	下控制箱
XS2-U	二插插座	CY1B-43　AC 36V	1	上控制箱
XS2-D	二插插座	CY1B-43　AC 36V	1	下控制箱
SX	故障显示板	XS-A 或 XS-B	1	上控制箱
PLC	可编程控制器	H1U 系列	1	上控制箱
KF	断路保护开关	DZ47-60	1	上控制箱
K1	主电源开关	JFD11-63	1	上控制箱
K2	照明开关	DZ47-60	1	上控制箱
KC	安全回路接触器	施耐德 LC1E06-N　AC 110V	1	上控制箱
B1	工作变压器	TDB-200-01AC 380V/AC、8V、110V	1	上控制箱
B2	36V 照明电源	KBY-01-36V	1	下控制箱
M1	交流电动机	AC 380V 三相	1	上机房
ZDQ	制动装置	AC 220V 单相	1	上机房
JZD	附加制动器	AC 110V/AC 220V/AC 380V	1	上机房
XPI-U	检修附加插头	WS16 针	1	上检修插座
XPI-D	检修附加插头	WS16 针	1	下检修插座
JUZ	自动加油装置	AC 220V	1	金属骨架内
SA	加油手动开关		1	加油器上
XIB	检修操作手柄	YT01-C/E	1	检修手柄装置上

（续）

代号	名称	型号规格	数量	安装位置
XIP	检修插头	WS16 针	1	检修手柄装置上
SXI-U	检修插座	WS16 座	1	上控制箱
SXI-D	检修插座	WS16 座	1	下控制箱
SBSTP-IU	上控制箱急停按钮	LAY 系列	1	上控制箱
SBSTP-ID	下控制箱急停按钮	LAY 系列	1	下控制箱
SBSTP-U	上端急停按钮	LAY 系列	1	扶梯上端
SBSTP-D	下端急停按钮	LAY 系列	1	扶梯下端
SRST-U	上端钥匙开关	LAY 系列	1	扶梯上端
SRST-D	下端钥匙开关	LAY 系列	1	扶梯下端
SRST1-U	上行按钮	LAY 系列	1	检修手柄装置上
SRST1-D	下行按钮	LAY 系列	1	检修手柄装置上
SQ	公用按钮	LAY 系列	1	检修手柄装置上
SBST	急停按钮	LAY 系列	1	检修手柄装置上
DER、DEL	下部左右梳齿照明	DC 24V	2	围裙板上
UER、UEL	上部左右梳齿照明	DC 24V	2	围裙板上
HDL	下部运行指示器	DC 24V	1	下部桁架上
HUL	上部运行指示器	DC 24V	1	上部桁架上
UL	上梯级照明	AC 220　LED	1	上部桁架内
DL	下梯级照明	AC 220　LED	1	下部桁架内
SBSTP-FD	下端附加急停按钮	LAY 系列	1	下部桁架上
SBSTP-FU	上端附加急停按钮	LAY 系列	1	上部桁架上
FSD/FSD1	主机盘车开关	TS236	1	主机上
WMD	下部前沿板打开开关	TR236	1	下扶梯金属架内
WMU	上部前沿板打开开关	TR236	1	上扶梯金属架内
KDZ	附加制动器检测开关	TS236	1	上扶梯金属架内
KZD	附加制动器继电器	HHC68B-2Z　AC 220V	1	上控制箱
KDL	警铃	AC 220V	1	上控制箱
TPB1	开关电源	NES-35-24	1	上控制箱
SAHR-UL	上左出入口安全开关	TR236	1	上右出入口内

（续）

代号	名称	型号规格	数量	安装位置
SAHR-UR	上右出入口安全开关	TR236	1	上左出入口内
SAHR-DL	下左出入口安全开关	TR236	1	下右出入口内
SAHR-DR	下右出入口安全开关	TR236	1	下左出入口内
SASP-UL	上左围裙板安全开关	TR236	1	上右围裙板内侧
SASP-UR	上右围裙板安全开关	TR236	1	上左围裙板内侧
SASP-DL	下左围裙板安全开关	TR236	1	下右围裙板内侧
SASP-DR	下右围裙板安全开关	TR236	1	下左围裙板内侧
SADR/SADR1	驱动链安全开关	ZR236 或 QM-ZV10H236-O2z	1	驱动链旁
SACR-DL	左梯级链安全开关	ZR236 或 UKS	1	右链张紧装置上
SACR-DR	右梯级链安全开关	ZR236 或 UKS	1	左链张紧装置上
SACP-UL	上左梳齿异常安全开关	ZR236 或 UKS	1	上梳齿前沿板左
SACP-UR	上右梳齿异常安全开关	ZR236 或 UKS	1	上梳齿前沿板右
SACP-DL	下左梳齿异常安全开关	ZR236 或 UKS	1	下梳齿前沿板左
SACP-DR	下右梳齿异常安全开关	ZR236 或 UKS	1	下梳齿前沿板右
SADD-U	上梯级下陷安全开关	ZR236 或 UKS	1	上梯级下弯金属架上
SADD-D	下梯级下陷安全开关	ZR236 或 UKS	1	下梯级下弯金属架上
KBZ1/KBZ2	抱闸释放检测开关	TS236	2	主机上
PES	安全功能控制器	默纳克 MCTC-PES-F1	1	上控制箱
CSL	右扶手测速传感器		1	右扶手带张紧装置上
CSR	左扶手测速传感器		1	左扶手带张紧装置上
CS0	速度监控感应器 1		1	扶梯金属架内
CS1	速度监控感应器 2		1	扶梯金属架内
CSD	下部梯级缺失传感器		1	扶梯金属架内
CSU	上部梯级缺失传感器		1	扶梯金属架内
CS2	下部智能自起动感应器		1	扶梯金属架内
CS3	上部智能自起动感应器		1	扶梯金属架内
INV	变频器	默纳克	1	变频器控制柜
BR	制动电阻	1700W/3400W/8100W	1	变频器控制柜

八、YL-2170A 型扶梯故障代码表

1. 安全回路故障代码表（表 B-5）

表 B-5　故障显示器安装在电气控制箱上的代码表

代码	电气安全开关名称	代　号	代码	电气安全开关名称	代　号
□	安全回路正常		E21	上梯级下陷安全开关异常	SADD-U
E29	安全回路接地保护、驱动链断链开关异常	SADR	E19	上部前沿板打开开关、上控制箱检修插座异常	WMU、SXI-U
E28	左、右梯级链安全开关异常	SACR-DL、SACR-DR	E18	上控制箱急停按钮、上端急停按钮	SBSTP-IU、SBSTP-U
E27	下左、右梳齿安全开关异常	SACP-DL、SACP-DR	E17	上左、右围裙板安全开关异常	SASP-UL、SASP-UR
E26	下左、右扶手出入口安全开关异常	SAHR-DL、SAHR-DR	E16	上左、右扶手出入口安全开关异常	SAHR-UL、SAHR-UR
E25	下左、右围裙板安全开关异常	SASP-DL、SASP-DR	E14	上左、右梳齿安全开关异常	SACP-UL、SACP-UR
E24	下端急停止按钮、下控制箱急停按钮	SBSTP-D、SBSTP-ID	E13	主机盘车开关	FSD
E23	下控制箱检修插座、下部前沿板打开开关异常	SXI-D、WMD	E12	相序保护	KPH
E22	下梯级下陷安全开关异常	SADD-D	E11	安全功能控制器故障检测异常	PES

2. MCTC-PES-E1 自动扶梯安全监控器故障说明及故障反应

（1）故障说明　扶梯可编程电子安全系统有 16 项警示信息或保护功能，时刻监视着各种输入信号、运行条件、外部反馈信息等，一旦异常发生，相应的保护功能动作，并显示故障代码。此时用户可以根据表 B-6 所提示的信息进行故障分析，确定故障原因，找出解决方法。

表 B-6　故障说明

代码	故障说明	注　释
ERR1	超速 1.2 倍	正常运行时，运行速度超出名义速度的 1.2 倍，调试时出现，请确认 F0 组参数设置是否异常
ERR2	超速 1.4 倍	正常运行时，运行速度超出名义速度的 1.4 倍，调试时出现，请确认 F0 组参数设置是否异常
ERR3	非操纵逆转	◆梯速出现非操纵逆转 ◆调试时出现此故障，请检查是否梯速检测信号接反（X15、X16）
ERR4	制停超距故障	◆制停距离超出标准要求 ◆调试时出现，请确认 F0 组参数设置是否异常
ERR5	左扶手带欠速	◆左扶手带欠速 ◆ F0 组参数设置不当 ◆传感器信号异常
ERR6	右扶手带欠速	◆右扶手带欠速 ◆ F0 组参数设置不当 ◆传感器信号异常
ERR7	上梯级缺失	◆上梯级缺失 ◆检查 F0-06 值是否小于实际值

（续）

代码	故障说明	注 释
ERR8	下梯级缺失	◆下梯级缺失 ◆检查 F0-06 值是否小于实际值
ERR9	工作制动器打开故障	工作制动器信号异常
ERR10	附加制动器动作故障	1：制动后机械开关反馈无效 2：起动时附加制动开关有效 3：起动时没有打开附加制动器 4：附加制动开关有效时,上行起动运行超过 10s 5：运行中附加制动器开关有效 6：运行中附加制动器接触器断开
ERR11	楼层盖板开关故障	正常状态下盖板开关信号有效
ERR12	外部信号异常	1：停梯状态下有 AB 脉冲 2：起动后 4s 内无 AB 脉冲 3：上梯级信号间 AB 信号少于 F0-07 的设定值 4：下梯级信号间 AB 信号少于 F0-07 的设定值 5：左扶手脉冲过快 6：右扶手脉冲过快 7：两路检修信号不一致 8：上、下行信号同时有效
ERR13	PES 单板硬件故障	1~4：继电器反馈错误 5：EEPROM 初始化失败 6：上电 RAM 校验错误
ERR14	EEPROM 数据错误	无
ERR15	主辅数据校验异常 或 MCU 通信异常	1：主、辅 MCU 软件版本不一致 2：主、辅芯片状态不一致 3：X1~X14 端子信号不一致 4：X17~X20 端子信号不一致 5：输出不一致 6：A 相梯速不一致 7：B 相梯速不一致 8：AB 脉冲正交度不好,有跳变 9：主辅 MCU 检测的制停距离不一致 10：左扶手信号不稳定 11：右扶手信号不稳定 12、13：上梯级信号不稳定 14、15：下梯级信号不稳定 101~103：主辅芯片通信错误 104：上电主辅通信失败
ERR16	参数异常	101：最大制停距离 1.2 倍脉冲数计算错误 102：梯级间 AB 脉冲数计算错误 103：每秒脉冲数计算错误

（2）故障反应 表 B-7 提示了本系统所保护的安全功能出现故障后与之对应的故障反应，以说明故障出现后的系统提示及保护等级。

表 B-7　故障反应

序号	故　障	故障编码	故障反应
1	速度超过名义速度 1.2 倍	ERR1	◆ LED 闪烁 ◆故障编号输出接口输出故障编号 ◆接上操作器后,操作器显示故障编号 ◆重新上电后反应依旧
2	速度超过名义速度 1.4 倍	ERR2	
3	非操纵逆转运行	ERR3	
4	梯级或踏板的缺失	ERR7/8	
5	起动后,工作制动器未打开	ERR9	
6	制停距离超出最大允许值的 1.2 倍	ERR4	
7	附加制动器动作故障	ERR10	◆反应与上述故障一致,但重新上电后可以恢复到正常状态
8	信号异常或自身故障	ERR12/13/14/15	
9	扶手带欠速,其速度偏离梯级踏板或胶带的实际速度大于-15%	ERR5/6	
10	桁架区域检修盖板被打开或楼层板被打开或移走	ERR11	◆反应与上述故障一致,但故障消失后可自动复位

参 考 文 献

[1] 李乃夫．陈继权．自动扶梯运行与维保［M］．北京：机械工业出版社，2017.

[2] 李乃夫．电梯维修保养备赛指导［M］．2版．北京：高等教育出版社，2020.

[3] 李乃夫．电梯维修与保养［M］．2版．北京：机械工业出版社，2019.

[4] 李乃夫，陈传周．电梯实训60例［M］．北京：机械工业出版社，2017.

[5] 李乃夫，陈传周．电梯原理、安装与维保习题集［M］．2版．北京：机械工业出版社，2019.

[6] 史信芳，蒋庆东，李春雷，等．自动扶梯［M］．北京：机械工业出版社，2014.

[7] 马飞辉．电梯安全使用与维修保养技术［M］．广州：华南理工大学出版社，2011.

[8] 国家质量监督检验检疫总局特种设备安全监察局．特种设备使用管理规则：TSG 08—2017［S］．北京：新华出版社，2017.

[9] 全国电梯标准化技术委员会．电梯、自动扶梯、自动人行道术语：GB/T 7024—2008［S］．北京：中国标准出版社，2009.

[10] 全国电梯标准化技术委员会．自动扶梯和自动人行道的制造与安装安全规范：GB 16899—2011［S］．北京：中国标准出版社，2011.

[11] 国家质量监督检验检疫总局特种设备安全监察局．电梯维护保养规则：TSG T5002—2017［S］．北京：新华出版社，2017.

[12] 全国电梯标准化技术委员会．电梯技术条件：GB/T 10058—2009［S］．北京：中国标准出版社，2009.

[13] 国家质量监督检验检疫总局特种设备安全监察局．电梯监督检验和定期检验规则—自动扶梯与自动人行道：TSG T7005—2012［S］．北京：新华出版社，2012.

[14] 亚龙智能装备集团股份有限公司．亚龙电梯系列产品［Z］．2019.